초능력

비주얼씽킹 과학

비주얼씽킹 과학을 시작하는 여러분께

여러분, 안녕하세요?

이 책은 비주얼씽킹(Visual Thinking)이라는 공부 방법을 바탕으로 만들었어요. 영어로 쓰여 있으니 뭔가 대단한 것처럼 생각되지만 사실은 아주 간단한 공부 방법이에요.

글과 그림을 함께 활용하는 **비주얼씽킹 학습법**은 바로 **그림으로 생각하는 힘**을 키우는 공부 방법이에요.

이 책은 그림을 좋아하는 초등학교 선생님들이 어려운 과학 내용을 여러분들이 쉽고 재미있게 이해할 수 있도록 글과 그림으로 표현하여 만들었어요. 스마트폰으로 QR코드를 찍어서 책에 나오는 그림으로 만든 동영상 강의를 함께 보면 책의 내용을 이해하는 데 훨씬 좋을 거예요.

이 책을 만드신 쌤들!

김차명 선생님 (경기도 교육청)

이인지 선생님 (서울 지향초)

강윤민 선생님 (서울 수명초)

김두섭 선생님 (서울 개봉초)

김보미 선생님 (경남 곤양초)

김지원 선생님 (서울 용마초)

변준석 선생님 (부산 송수초)

송가람 선생님 (경남 호암초)

정다운 선생님 (인천 석천초)

조하나 선생님 (청주 새터초)

최유라 선생님 (충북 청원초)

최지현 선생님 (여수 여천초)

최희준 선생님 (서울 숭인초)

하지수 선생님 (경기 배곧초)

초능력 쌤과 비주얼씽킹 동영상으로 과학 개념을 쉽게! 빠르게!

현직 초등학교 선생님이 직접 설명해 줘요.

무료 스마트 러닝

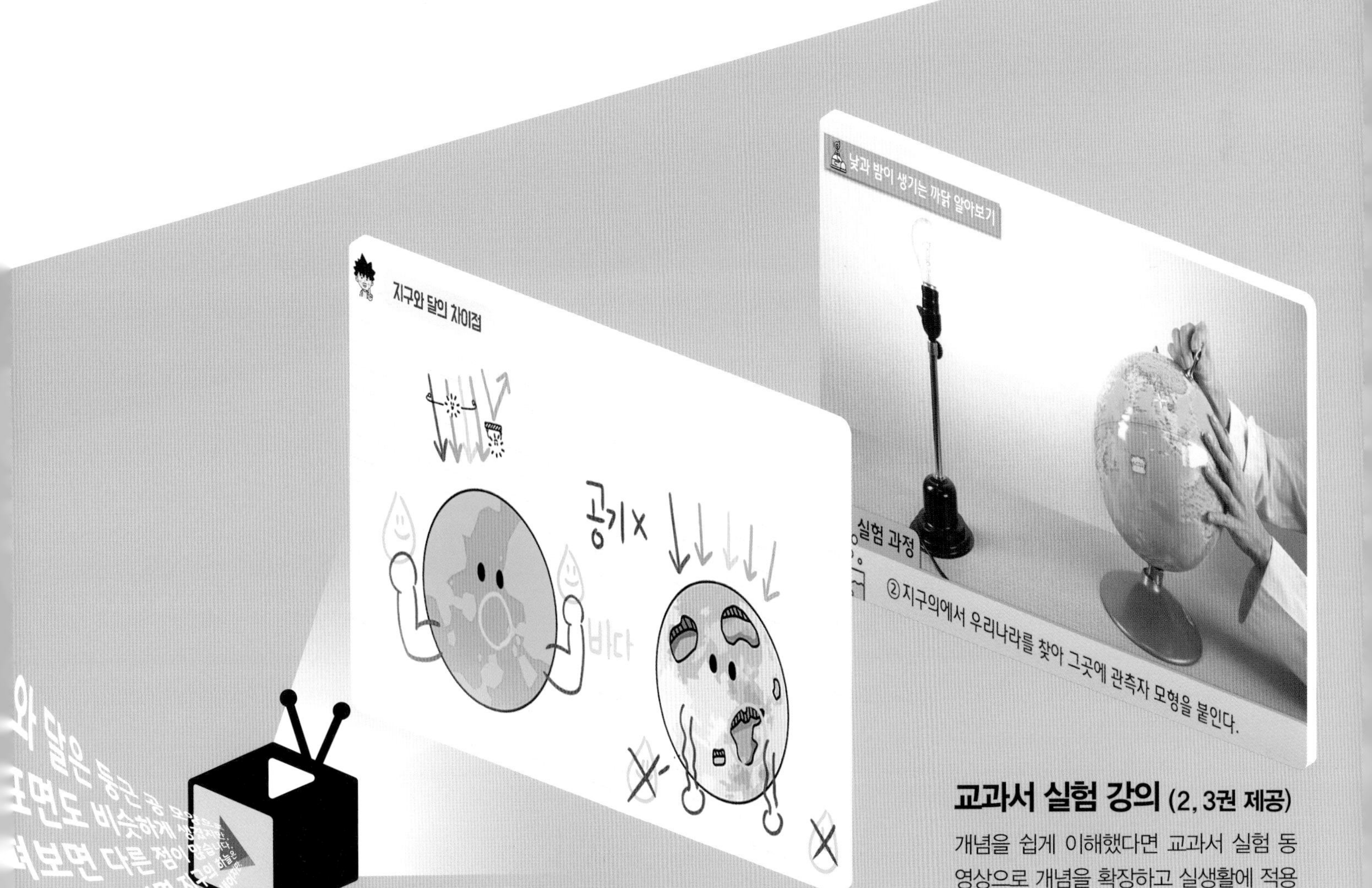

비주얼씽킹 개념 강의

글만으로는 이해하기 어려운 과학 개념! 손으로 쓱! 쓱! 그려서 그림으로 설명하면 과학 개념이 더이상 어렵지 않습니다. 비주얼씽킹 과학 동영상 강의로 과학 개념을 쉽게 이해하고 그림으로 생각하는 힘을 키우세요.

교과서 실험 강의 (2, 3권 제공)

개념을 쉽게 이해했다면 교과서 실험 동영상으로 개념을 확장하고 실생활에 적용해 볼 수 있습니다. 과학 실험 동영상으로 초등 과학 개념을 확실하게 정리하세요.

초능력 쌤과 키우자, 공부힘!

국어 독해

예비 초등~6학년(전 7권)

• 30개의 지문을 글의 종류와 구조에 따라 분석
• 지문 내용과 관련된 어휘와 배경지식도 탄탄하게 정리

수학 연산

1학년~6학년(전 12권)

• 학년, 학기별 중요 연산 단원 집중 강화 학습
• 원리 강의를 통해 문제 풀이에 바로 적용

맞춤법+받아쓰기

1학년~2학년(전 4권)

• 맞춤법의 원리를 쉽고 빠르게 학습
• 단계별 받아쓰기 연습과 교과서 어휘 학습으로 실력 완성

구구단 / 시계 • 달력 / 분수

1학년~5학년(전 3권)

• 초등 수학 핵심 영역을 한 권으로 효율적으로 학습
• 개념 강의를 통해 원리부터 이해

비주얼씽킹 초등 한국사 / 과학

1학년~6학년(각 3권)

• 비주얼씽킹으로 쉽게 이해하는 한국사
• 과학 개념을 재미있게 그림으로 설명

급수 한자

8급, 7급, 6급(전 3권)

• 급수 한자 8급, 7급, 6급 기출문제 완벽 분석
• 혼자서도 한자능력검정시험 완벽 대비

그럼, 비주얼씽킹은 어떻게 공부하는 것인지 살펴볼까요?

'화산의 종류에는 지금도 활동하고 있는 활화산, 지금은 활동을 멈추고 있는 휴화산, 완전히 활동을 멈춰 버린 사화산이 있다.'라는 과학 내용이 있어요.

이 내용을 그림으로 나타내 볼까요?

어때요? 지금도 활발하게 용암을 뿜어내고 있는 활화산, 활동을 잠시 멈추고 쉬고 있는 휴화산, 완전히 활동을 멈춰버린 사화산을 간단한 그림과 표정을 사용하였는데 그림으로 보니 훨씬 이해가 잘 되네요.

글은 논리적이고 체계적이에요. 그리고 그림은 직관적이고요. 이해하기 어려운 내용을 그림과 함께 봤을 때 '아!' 하며 이해되었던 경험이 있을 거예요. 그게 바로 직관이에요.

다음 그림도 볼까요?

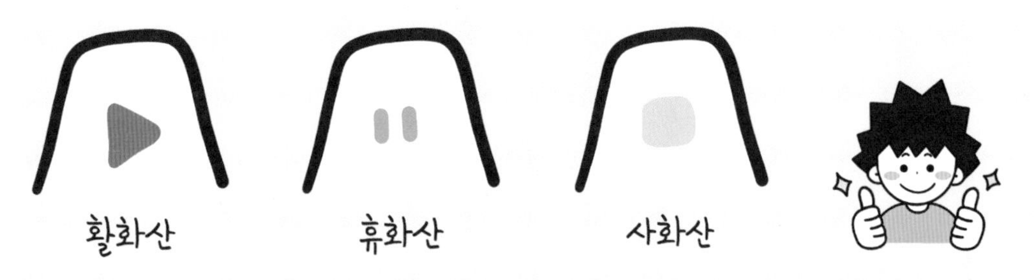

와! 이렇게 표현할 수도 있네요. 플레이어에서 봤던 '재생(▶)', '일시 정지(Ⅱ)', '멈춤(■)' 버튼을 활화산, 휴화산, 사화산과 연결하여 그렸어요. 굉장히 창의적이죠? 비주얼씽킹에서 그리는 그림들은 누구나 그릴 수 있는 수준의 그림으로 그리면 돼요. 마치 낙서 같은 그림이지만 내용을 이해하는 데 도움이 된답니다.

쉽고 재미있게 과학을 이해할 수 있는 '비주얼씽킹 과학'

이제 함께 시작해 볼까요?

하나! 비주얼씽킹 과학 개념

재미있는 과학 개념을 비주얼씽킹 그림을 보면서 읽다 보면 개념이 쏙! 쏙!
초등 과학 기초 개념을 쉽고 재미있게 미리 학습할 수 있어요.

참쌤이 알려주는 용어 따라쓰기로 어려운 용어도 쉽게 이해할 수 있어요.
재미있는 아이콘으로 용어 이해가 쏙! 쏙!

개념 강의 QR코드

선생님이 직접 그리면서 설명해 주시는 동영상 강의.
책 속의 그림들로 설명해 주시니 더 재미있어요.

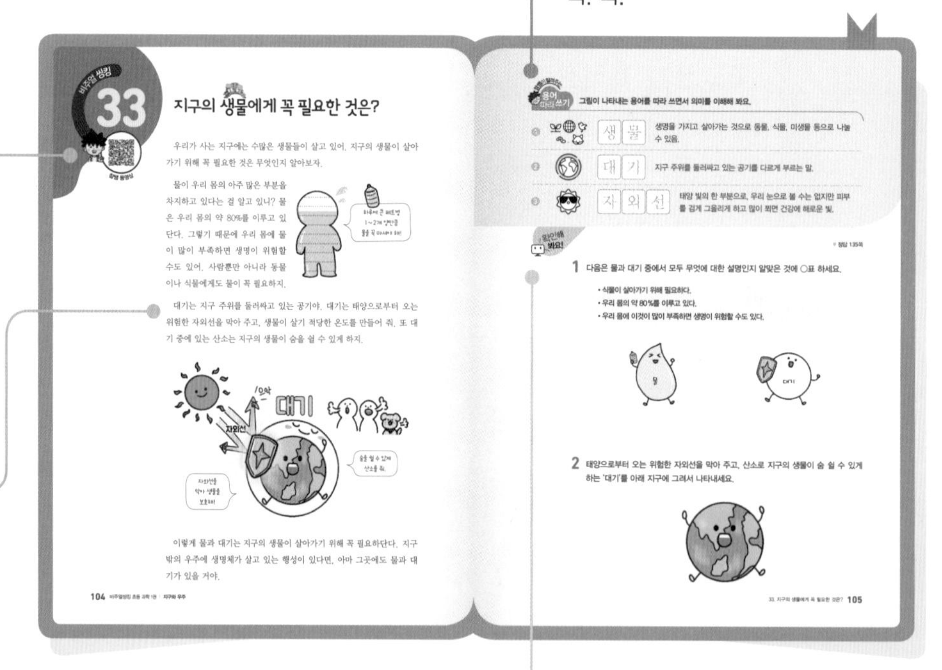

초등 과학 핵심 개념을 글로 읽고 그림으로 쉽게 기억할 수 있어요.

배운 개념을 잊지 않도록 개념 문제와 비주얼씽킹 문제를 풀어요.
초등학교 과학 개념을 미리미리 쉽게 익혀요!

비주얼 개념 정리

재미있게 배운 개념을 멋진 사진과 함께 한눈에 정리해요.
사진으로 보니 내용을 확실하게 이해할 수 있어요.

잠깐! 오늘 공부한 핵심 내용을
O, X 퀴즈로 확인해요.

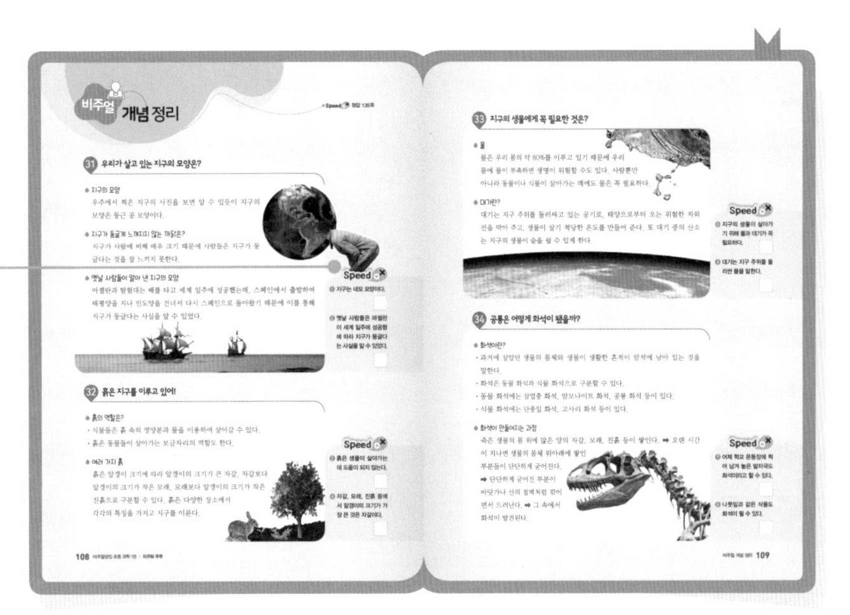

과학 탐구 퀴즈

재미있는 과학 탐구 퀴즈를 풀면서 사고력을 키워요.

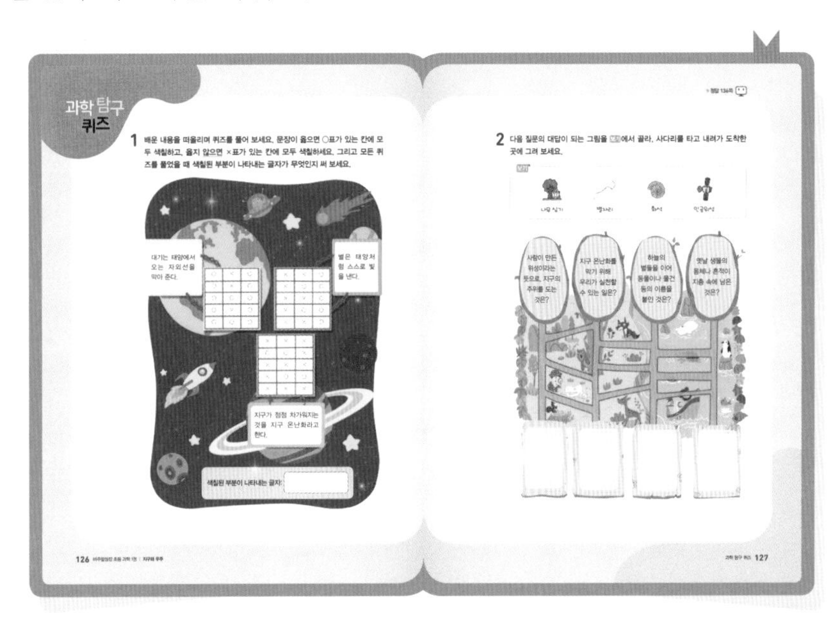

차례

01 미세 먼지는 무서워! 10
02 말랑말랑 액체 괴물을 만들어 볼까? 12
03 크기가 다른 알갱이를 분리해 볼까? 14
04 깨끗한 물을 마시려면? 16

• 비주얼 개념 정리 01 ~ 04 18

05 물이 없으면 살 수 없어! 20
06 물을 얼리면 무엇이 달라질까? 22
07 어떤 용액이 더 진할까? 24

• 비주얼 개념 정리 05 ~ 07 26

08 솔방울로 가습기를 만들어 볼까? 28
09 방귀는 왜 나오는 걸까? 30
10 헬륨 가스가 궁금해! 32

• 비주얼 개념 정리 08 ~ 10 34

과학 탐구 퀴즈 36

11 번개와 천둥은 왜 생길까? 40
12 거울은 어디에 사용될까? 42
13 그림자에도 색깔이 있을까? 44

• 비주얼 개념 정리 11 ~ 13 46

14 정전기를 내가 만들 수 있어! 48
15 왜 전기를 절약해야 할까? 50
16 전기가 위험해요? 52

• 비주얼 개념 정리 14 ~ 16 54

17 생활에서 어떤 힘을 사용할까? 56
18 우리는 왜 땅에 붙어있을까? 58
19 양쪽의 힘이 같아요! 60
20 무게를 비교할 수 있을까? 62

• 비주얼 개념 정리 17 ~ 20 64

과학 탐구 퀴즈 66

21 곤충에 대해 알고 싶어! 70
22 곤충은 어떻게 겨울을 보낼까? 72
23 금붕어는 이렇게 생겼어! 74
24 동물이 몸을 보호하는 방법은? 76

• 비주얼 개념 정리 21 ~ 24 78

25 풀과 나무의 특징은? 80
26 나뭇잎의 색이 변했어! 82
27 식물은 어떻게 겨울을 보낼까? 84

• 비주얼 개념 정리 25 ~ 27 86

28 우리 몸은 쉬지 않고 일해! 88
29 우리 몸을 건강하게 유지하려면? 90
30 비타민이 중요한 이유가 있었어! 92

• 비주얼 개념 정리 28 ~ 30 94

과학 탐구 퀴즈 96

31 우리가 살고 있는 지구의 모양은? 100
32 흙은 지구를 이루고 있어! 102
33 지구의 생물에게 꼭 필요한 것은? 104
34 공룡은 어떻게 화석이 됐을까? 106

• 비주얼 개념 정리 31 ~ 34 108

35 홍수와 가뭄에 대비해 보자! 110
36 우리가 지구를 오염시키고 있어! 112
37 지구는 왜 뜨거워질까? 114

• 비주얼 개념 정리 35 ~ 37 116

38 반짝이는 스타, 별을 소개할게! 118
39 인공위성은 모든 걸 알고 있어! 120
40 태양과 달에게 무슨 일이 생긴 걸까? 122

• 비주얼 개념 정리 38 ~ 40 124

과학 탐구 퀴즈 126

• 비주얼씽킹 정답 129

물질

미세 먼지는 무서워!

미세 먼지가 심한 날, 밖에 나가지 못해서 아쉬웠던 경험이 있니? 미세 먼지는 대체 무엇이기에 우리의 자유로운 생활을 방해하는 걸까?

미세 먼지란 눈으로 보기 어려울 정도로 아주 작은 먼지를 말해. 주로 공장이나 자동차 등이 내보내는 매연에서 많이 발생한단다. 미세 먼지는 사람의 머리카락 한 가닥의 굵기를 10으로 나눈 것보다도 더 작기 때문에 우리가 숨을 쉴 때나 피부를 통해서 우리 몸에 들어올 수 있다고 해. 이렇게 우리 몸에 들어온 미세 먼지는 몸속 이곳저곳을 돌아다니며 여러 가지 질병을 일으키기도 하지.

그러므로 미세 먼지가 심한 날은 밖에 나가지 않는 것이 좋아. 꼭 외출을 해야 한다면 마스크를 반드시 착용하도록 해. 외출 후 집에 돌아와서 손은 물론이고 얼굴, 머리카락, 입 안까지 몸 구석구석을 깨끗이 씻어야 하지. 집 안에서는 공기 청정기를 켜거나 공기를 깨끗하게 만드는 식물을 두면 공기를 깨끗하게 하는 데 도움이 된단다.

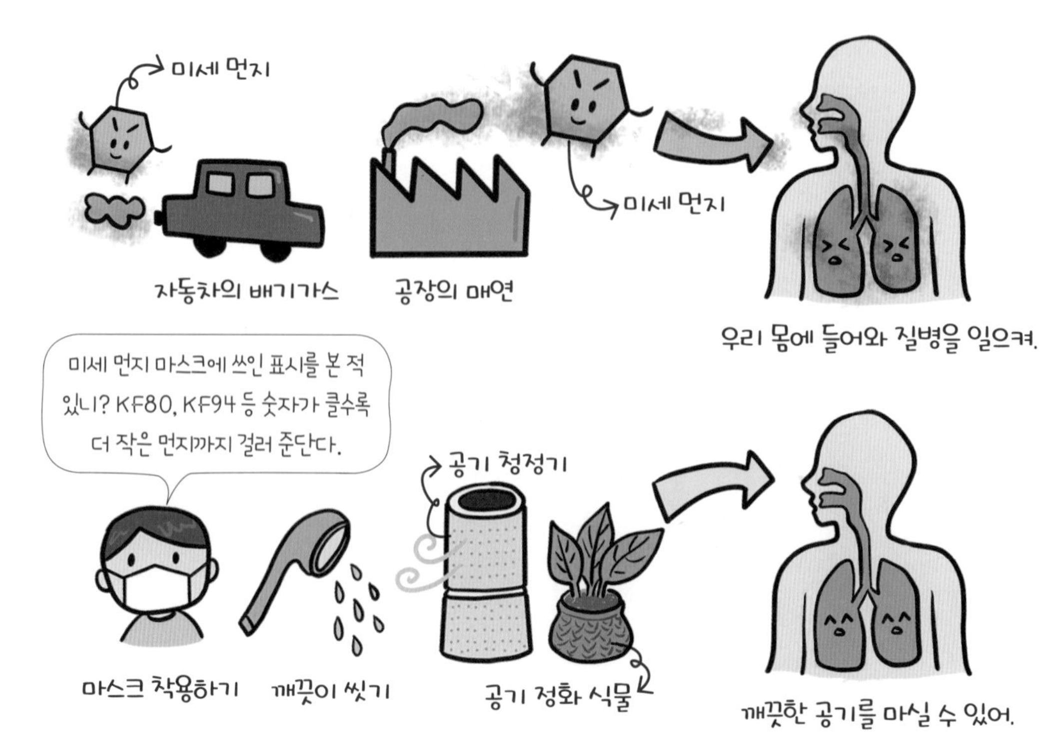

그림이 나타내는 용어를 따라 쓰면서 의미를 이해해 봐요.

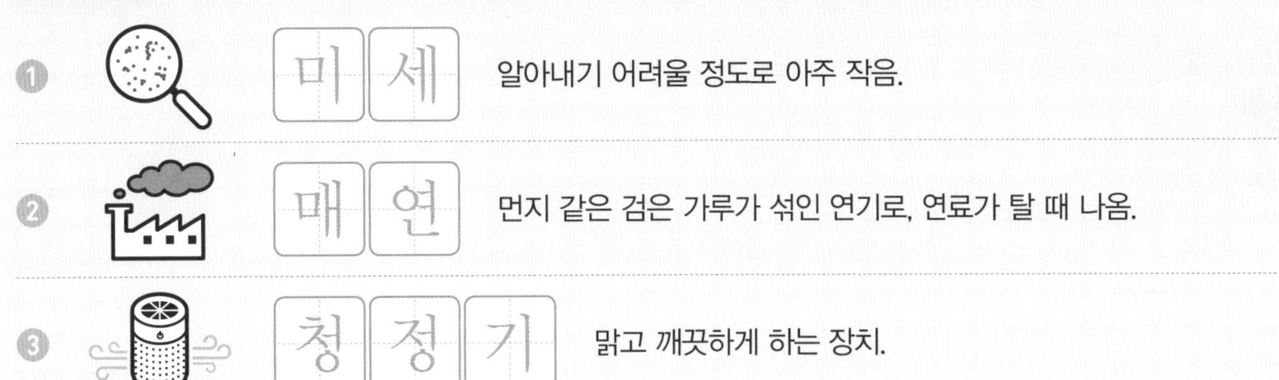

① 미세 — 알아내기 어려울 정도로 아주 작음.

② 매연 — 먼지 같은 검은 가루가 섞인 연기로, 연료가 탈 때 나옴.

③ 청정기 — 맑고 깨끗하게 하는 장치.

정답 129쪽

1 미세 먼지에 대해 바르게 말한 친구의 이름에 ○표 하세요.

2 건우는 미세 먼지가 심한 날 학교에 가려고 나왔어요. 건우가 깜빡하고 챙기지 못한 것을 건우에게 그려주세요.

말랑말랑 액체 괴물을 만들어 볼까?

만지면 말랑말랑하고 쭉쭉 늘어나는 액체 괴물을 가지고 놀아본 적이 있니? 부들부들하고 폭신해서 만질수록 기분 좋아지는 액체 괴물은 사실 이름과 다르게 액체가 아니란다. 그렇다면 액체 괴물의 정체가 뭘까?

액체 괴물은 여러 가지 물질을 섞어서 만들어. 액체도 아니고, 고체도 아닌 겔(gel) 형태야. 겔은 점성이 커서 액체와는 다르게 손으로 잡을 수 있어. 만져 보면 밀가루 반죽 같은 느낌이 들어.

액체 괴물은 어른과 어린이 구분 없이 모두에게 인기 있는 장난감이었지만 일부 액체 괴물에서 유해 물질이 발견되기도 했어. 그러니까 안전한 성분으로 이루어졌는지 꼭 확인하고 가지고 놀아야 해.

그럼 주변에서 쉽게 구할 수 있는 물질들로 안전한 액체 괴물을 직접 만들어 보고 재밌게 놀아보자. 다 놀고 난 후에는 반드시 손을 씻어야 하고, 남은 액체 괴물은 말려서 일반 쓰레기로 버려야 환경 오염을 줄일 수 있어.

그림이 나타내는 용어를 따라 쓰면서 의미를 이해해 봐요.

① 겔 액체와 고체의 중간 상태에 있으며 그 구분이 명확하지 않은 것.

② 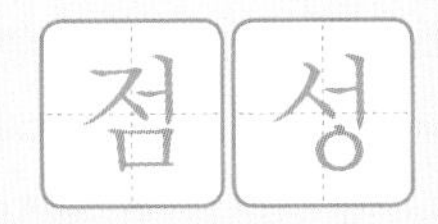

끈끈한 성질. 액체를 흔들었을 때 잘 흔들리지 않을수록 점성이 큰 것임.

③ 

해로움이 있음.

정답 129쪽

1 액체 괴물에 대해 바르게 이야기한 친구의 접시에 액체 괴물을 그려 보세요.

2 혜인이는 가지고 놀았던 액체 괴물을 버리기 위해 잘 말렸어요. 어디에 버려야 할지 그림에 ○표 하세요.

크기가 다른 알갱이를 분리해 볼까?

실수로 콩, 팥, 쌀이 각각 담긴 통을 쏟아서 콩, 팥, 쌀이 마구 섞이고 말았어. 이렇게 두 가지 이상의 물질이 섞인 것을 혼합물이라고 해. 하나하나 골라 내려니 너무 힘들어. 어떻게 하면 쉽게 분리할 수 있을까?

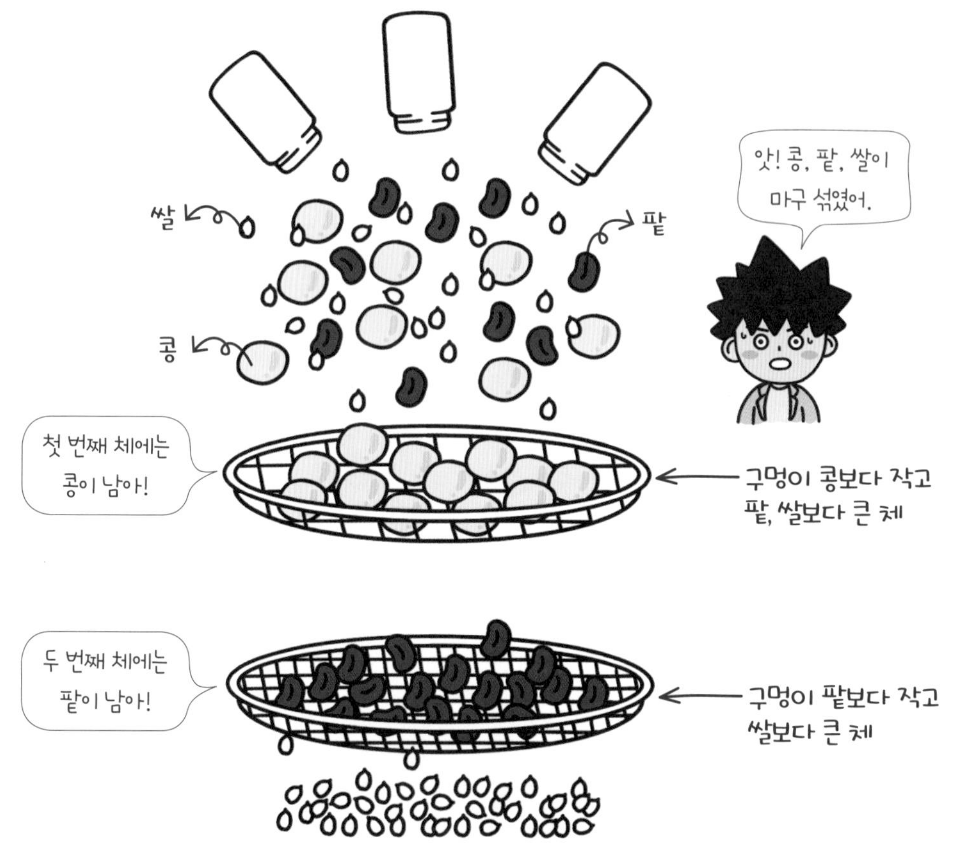

방법은 바로 일정한 크기의 구멍이 뚫린 체를 이용하는 거야. 콩, 팥, 쌀은 크기가 모두 다르잖아? 알갱이의 크기에 따라 알맞은 체를 사용하면 하나씩 골라내지 않아도 쉽게 분리할 수 있지. 먼저 체의 구멍이 콩보다는 작고 팥과 쌀보다는 큰 체를 이용해. 그럼 첫 번째 체 위에는 콩만 남겠지? 그 후에 팥보다는 작고 쌀보다는 큰 구멍의 체를 이용하면 두 번째 체 위에는 팥만 남고, 쌀은 아래에 모두 모이게 될 거야. 이렇게 하면 쉽게 세 가지를 분리할 수 있지.

다양한 크기의 알갱이가 섞였을 때 이렇게 체를 이용해 분리해 봐. 쉽고 빠르게 분리할 수 있어.

그림이 나타내는 용어를 따라 쓰면서 의미를 이해해 봐요.

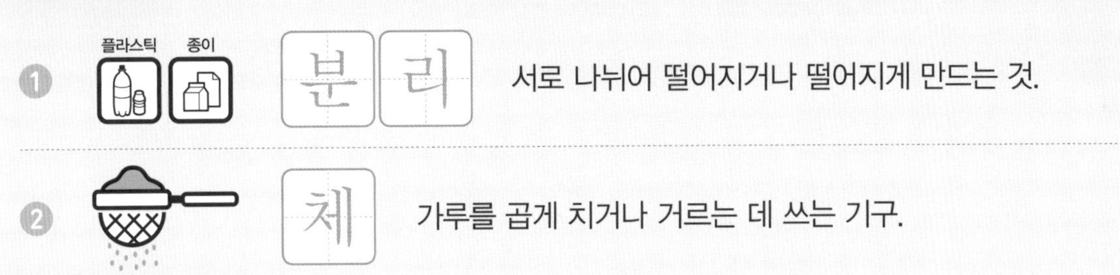

① 분리 서로 나뉘어 떨어지거나 떨어지게 만드는 것.

② 체 가루를 곱게 치거나 거르는 데 쓰는 기구.

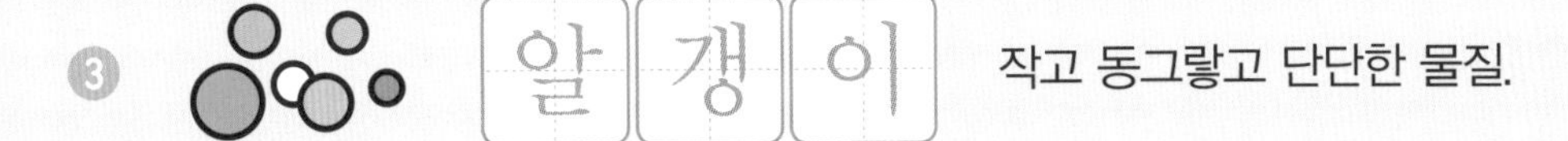

③ 알갱이 작고 동그랗고 단단한 물질.

정답 129쪽

1 완두콩, 보리, 좁쌀이 섞인 잡곡을 분리하려고 해요. 구멍이 완두콩보다 작고, 보리와 좁쌀보다 큰 체로 거르면 체 위에는 어떤 잡곡이 남을지 쓰세요.

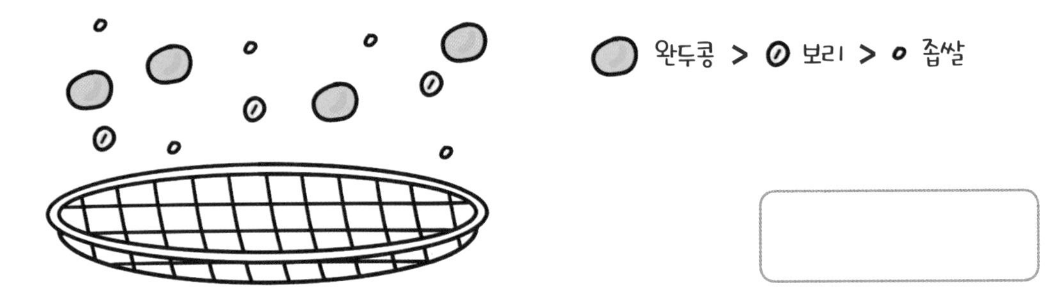

2 다음과 같은 동전의 크기 차이를 이용해 10원, 100원, 500원 동전을 분리하는 동전 분리기에 동전들을 쏟아 부었어요. 각 칸에 얼마짜리 동전들이 쌓이는지 그려 보세요.

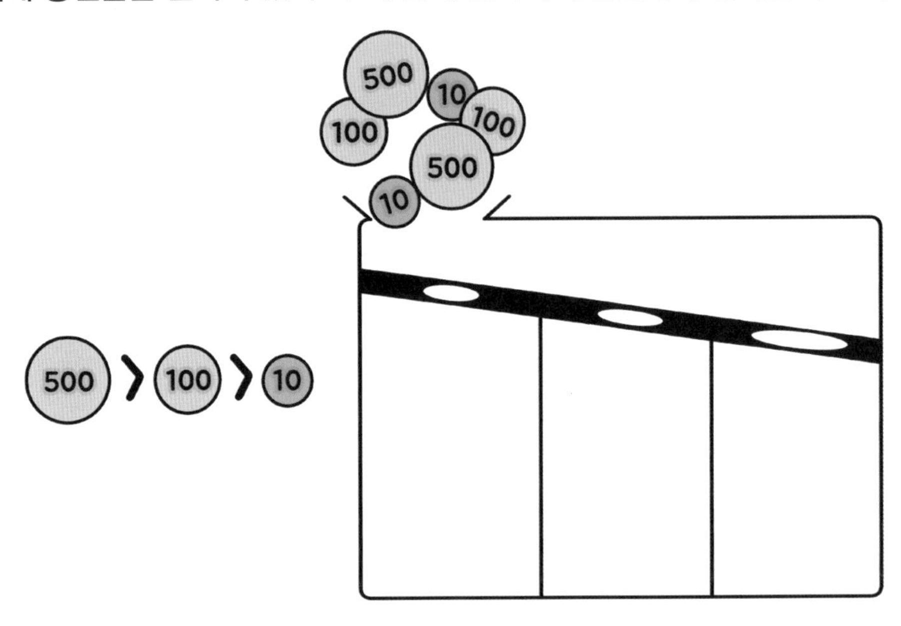

깨끗한 물을 마시려면?

깨끗한 물을 마시기 위해 사용하는 정수기, 모두 알고 있지? 정수기 속에는 몇 가지 필터가 들어 있는데, 수돗물이 그 필터를 지나가면 더러운 물질과 세균은 통과하지 못하고 걸러져서 깨끗한 물만 나올 수 있는 거야. 구멍보다 큰 알갱이를 걸러 내는 체처럼 말이야.

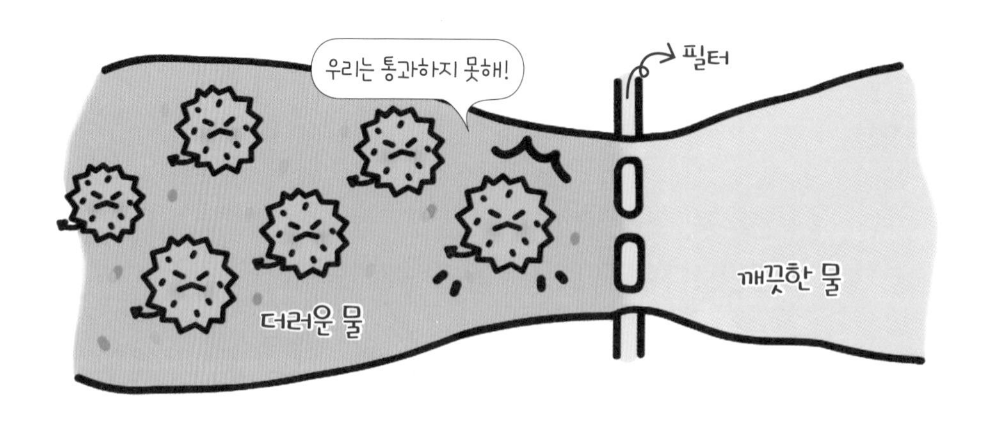

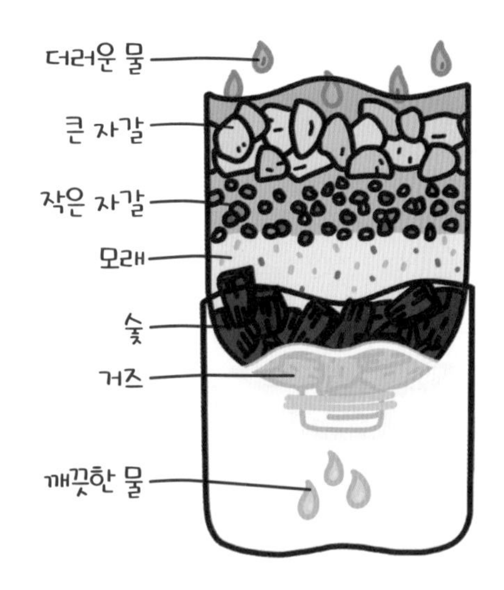

우리 주변에 있는 재료를 이용해서 간이 정수기도 만들 수 있어. 큰 자갈, 작은 자갈, 모래, 숯, 거즈를 통과하면서 차례차례 불순물의 크기가 큰 것부터 걸러지게 만드는 거지. 숯을 살펴보면 아주 작은 구멍이 있단다. 눈에 보이지 않을 정도로 작은 구멍까지 지나고 나면 더러운 것은 걸러지고 깨끗한 물만 나오게 되는 거야.

물을 깨끗하게 해 주는 정수 처리 시설이 없어 흙탕물이나 더러운 물을 그냥 마시며 살아가는 사람들도 있어. 그런 사람들을 위해 간이 정수기를 작게 만들어 빨대처럼 활용하기도 한단다. 이런 걸 생명 빨대(라이프 스트로우)라고 해.

그림이 나타내는 용어를 따라 쓰면서 의미를 이해해 봐요.

① 정수기: 물을 깨끗하게 하는 기구.

② 필터: 더러운 물질을 걸러 내는 장치.

③ 세균: 눈에 보이지 않는 아주 작은 생물로, 다른 생물에게 병을 일으키기도 함.

정답 129쪽

1 정수기에 대해 바르게 말한 친구의 이름에 모두 ○표 하세요.

은정: 정수기는 수돗물을 깨끗하게 만들어 줘.

재호: 정수기의 생명은 필터! 필터가 더러운 것을 걸러 내 준다고 해.

희원: 필터의 구멍보다 작은 물질은 필터를 통과할 수 없어.

2 공기 청정기도 정수기와 같은 원리로 공기를 깨끗하게 만들어 줘요. 미세 먼지 등이 있는 공기가 공기 청정기의 필터를 거치면서 미세 먼지는 걸러지고 깨끗한 공기가 나오는 것이지요. 필터 구멍의 크기를 생각하여 필터 두 칸을 완성해 보세요.

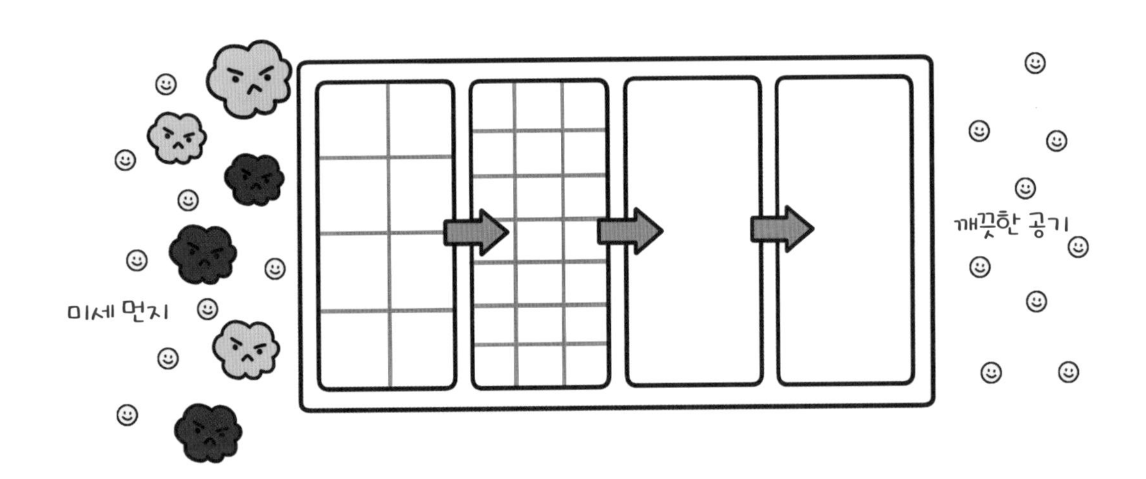

비주얼 개념 정리

Speed OX 정답 129쪽

01 미세 먼지는 무서워!

● **미세 먼지란?**

눈으로 보기 어려울 정도로 아주 작은 먼지이다. 주로 공장이나 자동차 등에서 내보내는 매연에서 많이 발생한다. 미세 먼지는 머리카락 한 가닥의 굵기를 10으로 나눈 것보다도 더 작은 크기이다.

● **미세 먼지가 몸에 나쁜 이유는?**

눈에 보이지 않을 만큼 매우 작아서 숨을 쉴 때나 피부 등을 통해서 우리 몸에 들어온다. 그리고 우리 몸속 이곳저곳을 돌아다니며 질병을 일으킨다.

Speed OX

❶ 공장이나 자동차 매연 때문에 미세 먼지가 많이 발생한다. ☐

❷ 미세 먼지는 몸속으로 들어오지 못한다. ☐

02 말랑말랑 액체 괴물을 만들어 볼까?

● **액체 괴물의 정체는?**

여러 가지 물질을 섞어서 만든 것으로, 액체도 고체도 아닌 겔(gel) 형태의 장난감이다.

● **액체 괴물은 몸에 나쁜 걸까?**

일부 액체 괴물에서 유해 물질이 나와 반드시 성분을 확인한 후에 손으로 만져야 하고, 놀이가 끝난 후에는 손을 깨끗이 씻어야 한다. 액체 괴물을 버릴 때에는 잘 말려서 일반 쓰레기로 버려야 환경 오염을 줄일 수 있다.

❸ 액체 괴물은 액체도 아니고, 고체도 아니다. ☐

❹ 놀이가 끝나면 액체 괴물은 잘 말려서 일반 쓰레기로 버려야 한다. ☐

03 크기가 다른 알갱이를 분리해 볼까?

● **혼합물이란?**

팥빙수, 김밥 등에는 두 가지 이상의 재료가 섞여 있다. 이처럼 두 가지 이상의 물질이 섞여 있는 것을 혼합물이라고 한다.

● **크기가 다른 알갱이가 섞인 혼합물을 분리하는 방법**

알갱이의 크기가 다른 물질이 섞인 혼합물의 경우에는 체를 이용하여 분리할 수 있다. 체의 눈보다 큰 알갱이는 체 위에 남고, 체의 눈보다 작은 알갱이는 체 아래로 떨어진다.

체

팥빙수

김밥

❺ 한 가지 물질로 되어 있는 것을 혼합물이라고 한다. ☐

❻ 체를 이용해 크기가 다른 혼합물을 분리할 수 있다. ☐

04 깨끗한 물을 마시려면?

● **정수기란?**

물을 깨끗하게 하는 기구를 말한다. 필터를 지나가며 불순물, 세균 등이 걸러져 깨끗한 물을 마실 수 있도록 해 준다.

● **간이 정수기 만들기**

주변에 있는 재료를 이용해 간이 정수기를 만들 수 있다. 큰 자갈, 작은 자갈, 모래, 숯, 거즈를 통과하며 불순물의 크기가 큰 것부터 걸러진다.

● **생명 빨대(라이프 스트로우)**

빨대 모양의 간이 정수기를 말한다. 정수 처리 시설, 전기 등이 없는 곳에서 깨끗한 물을 마실 수 있도록 도와준다.

Speed O X

❼ 정수기의 필터가 더러운 것을 걸러 내는 체의 역할을 한다. ☐

❽ 간이 정수기를 만들어 더러운 물을 통과시키면 불순물의 크기가 작은 것부터 걸러진다. ☐

비주얼 씽킹 05

참쌤 동영상

물이 없으면 살 수 없어!

친구들과 신나게 뛰어놀고 마시는 물 한 잔. 정말 시원하고 좋지?

우리는 물이 없으면 살 수 없어. 물을 마시기도 하고 생활 속에서 다양하게 이용하며 살아가기 때문이지. 사람들이 생활 속에서 어떻게 물을 이용하는지 살펴보자.

우리는 요리할 때, 차를 닦거나 청소를 할 때, 양치질을 하거나 몸을 깨끗이 씻을 때 물을 이용해. 수영장에서 수영을 할 때에도 물을 이용하고, 얼음을 갈아 만든 팥빙수를 먹거나 얼음을 이용해 음식을 차갑게 보관하기도 하지. 음식을 얼음과 함께 보관하면 쉽게 상하지 않아. 사람들은 폭포나 계곡, 강이나 바다와 같이 물로 이루어진 곳을 구경하기도 해.

사람뿐만 아니라 개나 고양이와 같이 우리가 기르는 동물들에게도 마시고 씻을 물이 필요하지. 마찬가지로 논밭에 심은 곡식이나 채소와 같은 식물을 키울 때에도 물이 쓰인단다.

이렇게 다양하게 이용되는 물을 우리는 소중하게 생각하여 깨끗하게 지키고 아껴 써야 해.

그림이 나타내는 용어를 따라 쓰면서 의미를 이해해 봐요.

1. 얼음 — 물이 얼어서 차갑게 굳어진 것.

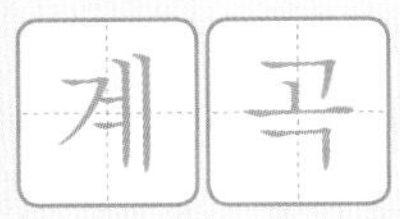

2. 계곡 — 물이 흐르는 산과 산 사이의 움푹 들어간 곳.

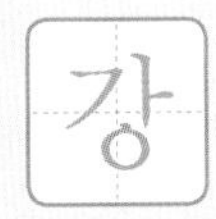

3. 강 — 넓고 길게 흐르는 긴 물줄기.

정답 129쪽

1 물에 대해 바르게 말한 물방울을 찾아 색칠하세요.

2 오늘 물을 이용했던 경험을 생각해 보고, 한 가지만 그림으로 그리세요.

비주얼 씽킹 06

참쌤 동영상

물을 얼리면 무엇이 달라질까?

여름에 시원하게 마시려고 물이 든 페트병을 냉동실에 넣어 둔 적이 있니? 다음 날 냉동실을 열어 보면 어떤 일이 벌어졌을까? 꽁꽁 언 페트병은 얼리기 전보다 크기가 커지고 빵빵하게 부풀어. 이런 걸 부피가 커진다고 해.

왜 이렇게 커지고 부풀었는지 알아볼까? 물이 얼어서 얼음이 될 때에는 물을 이루는 알갱이들이 육각형 모양으로 모여서 뭉쳐. 뭉친 알갱이 사이사이에 빈 곳이 생기면서 전체적으로 부피가 커지는 거지.

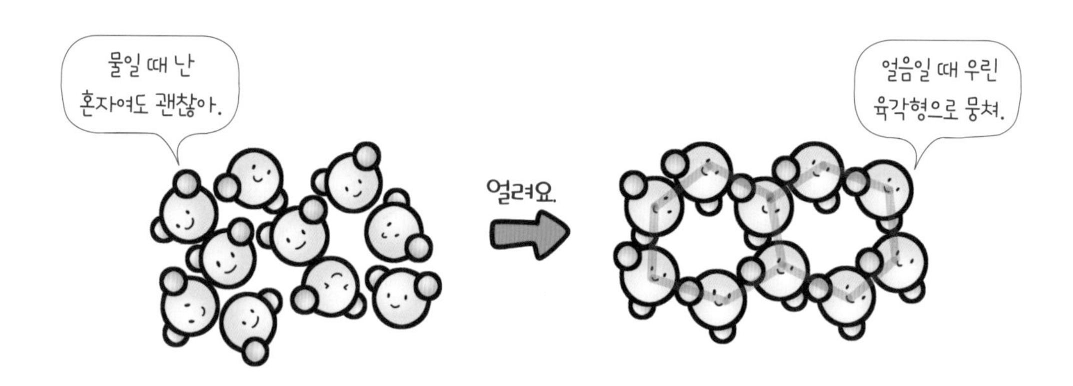

그렇다면 물이 얼음이 되면서 부피가 커진 만큼, 무게도 무거워지는 걸까? 그렇지 않아. 물이 얼기 전과 얼고 난 후의 무게를 재어 보자.

무게가 같지? 이처럼 물이 얼어서 얼음이 되면 부피는 커지지만, 무게는 변하지 않는다는 것을 알 수 있어.

그림이 나타내는 용어를 따라 쓰면서 의미를 이해해 봐요.

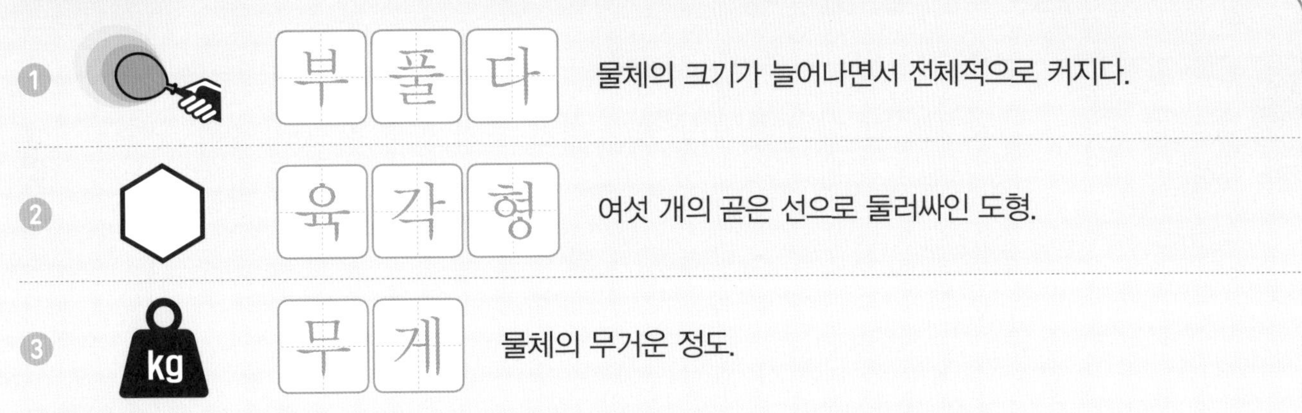

1. 부 풀 다 — 물체의 크기가 늘어나면서 전체적으로 커지다.
2. 육 각 형 — 여섯 개의 곧은 선으로 둘러싸인 도형.
3. 무 게 — 물체의 무게운 정도.

정답 129쪽

1 할머니 댁에는 물이 가득 담긴 항아리가 있어요. 추운 겨울이 되어 항아리에 담긴 물이 꽁꽁 얼면 어떤 일이 벌어질지 그림으로 그리세요.

2 물과 얼음에 대해 바르게 말한 친구의 '◁'에 ○표 하세요.

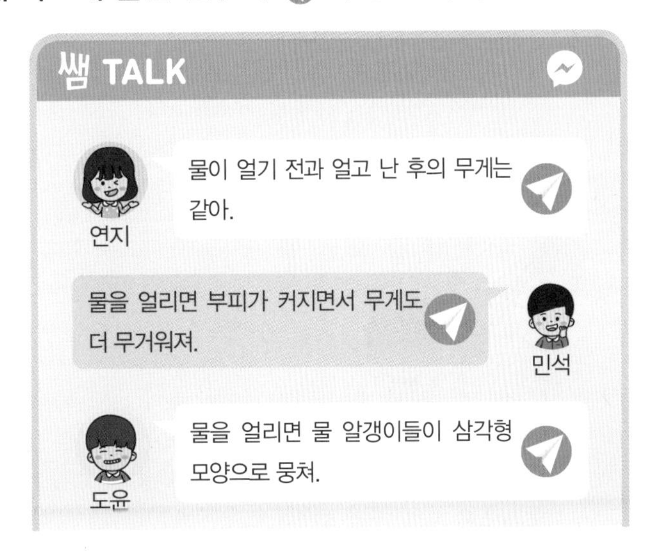

어떤 용액이 더 진할까?

부모님과 함께 간 카페에서 여러 가지 예쁜 색깔의 층이 있는 음료를 본 적 있니? 빨대로 저어서 섞기 전까지는 여러 색깔의 층이 서로 섞이지 않는 것을 볼 수 있어. 음료와 같은 액체가 어떻게 층을 이룰 수 있는 걸까?

그것은 용액의 진하기가 서로 다르기 때문이야. 용액은 두 가지 이상의 물질이 골고루 섞여 있는 액체를 말해. 물에 설탕 가루를 잘 녹여서 설탕물을 만들었다면 설탕물이 바로 용액인 거지.

이때 설탕을 많이 녹인 용액도 있고 조금 녹인 용액도 있겠지? 설탕을 많이 녹인 용액은 단맛이 진하고, 설탕을 조금 녹인 용액은 단맛이 약하게 날 거야. 이와 같이 물에 녹인 설탕의 양에 따라 용액의 진하기가 달라져. 같은 양의 물에 설탕을 많이 녹인 진한 용액은 설탕을 조금 녹인 용액보다 무거워서 아래쪽에 있게 되어 층이 생길 수 있는 거야.

용액의 진하기 차이를 이용해서 예쁜 무지개탑을 만들어 볼 수도 있어.

1. 같은 양의 물을 일곱 컵 준비해서 각각 다른 색깔의 물감을 섞어.

2. 설탕의 양을 각각 1, 5, 10, 15, 20, 25, 30숟가락씩 넣고 잘 녹여줘.

3. 진한 설탕물부터 차례대로 빨대를 따라서 천천히 투명한 컵에 부어.

4. 예쁜 무지개탑 완성!

그림이 나타내는 용어를 따라 쓰면서 의미를 이해해 봐요.

① 용액 — 두 가지 이상의 물질이 골고루 섞여 있는 액체.

② 가루 — 딱딱한 물건을 보드라울 정도로 잘게 부수거나 갈아서 만든 것.

③ 무지개 — 공기 속에 있는 물방울이 햇빛을 받아 빛이 퍼지면서 나타나는 것.

정답 130쪽

1 가장 진한 용액부터 순서대로 숫자를 쓰세요.

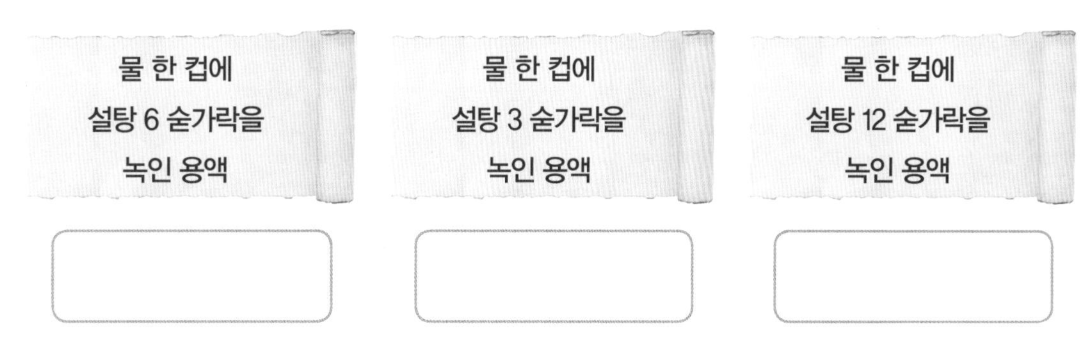

2 같은 양의 물이 든 다섯 개의 컵에 각각 다른 색깔의 물감을 섞고 다른 양의 소금을 녹였어요. 다섯 컵의 소금물을 모두 이용해서 무지개 탑을 만든다면 어떤 모양이 될지 그림으로 나타내고 색칠하세요.

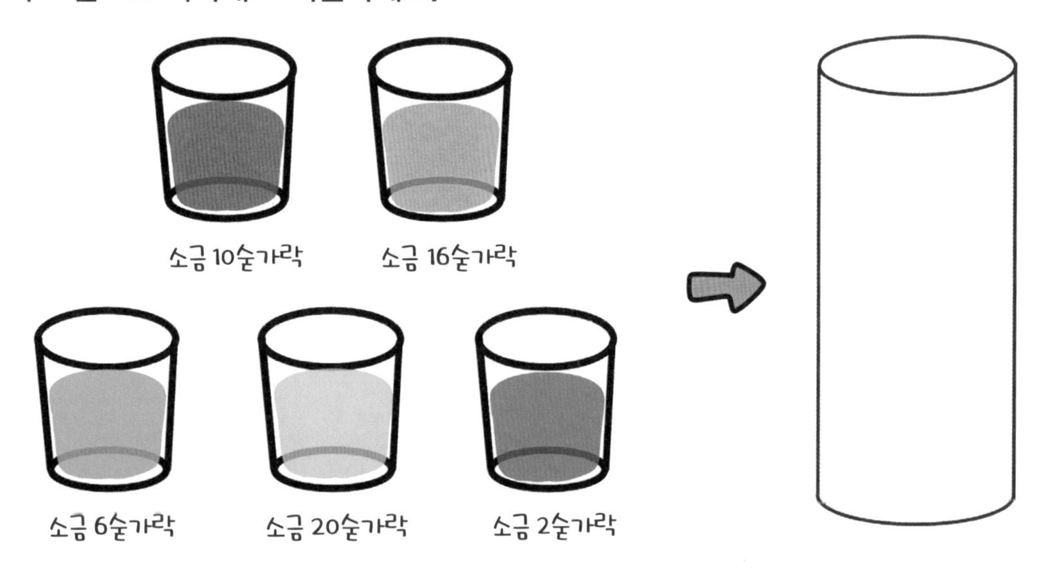

Speed OX 정답 130쪽

05 물이 없으면 살 수 없어!

● 우리 생활 속의 물

사람들은 물을 그 자체로 마시기도 하고 음식을 만들 때도 사용한다. 자기의 몸을 깨끗이 할 때는 물론이고 공간을 청소할 때, 물건을 깨끗하게 할 때도 물을 사용한다.

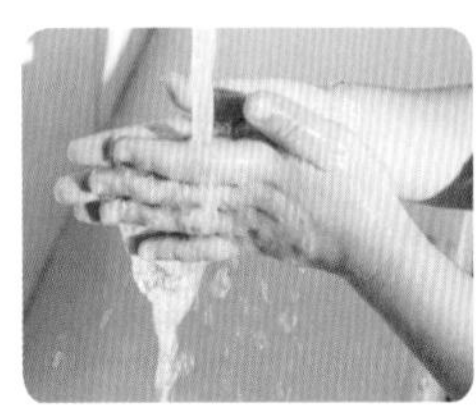

● 생활을 더 편리하게 해 주는 물

냉동식품을 차갑게 보관할 때 물을 얼려서 얼음을 만들어 사용하기도 하고 물을 끓여서 따뜻하게 이용할 수도 있다.

● 동물과 식물에게 필요한 물

사람뿐만 아니라 기르는 동물에게도 물을 주어야 하고 농작물을 키울 때도 물을 이용한다.

① 사람이 살아가려면 반드시 물이 필요하다. ( )

② 식물은 물이 없어도 살 수 있다. ( )

06 물을 얼리면 무엇이 달라질까?

● **물이 얼면 어떻게 될까?**

물은 얼면 단단해지고 부피가 커지면서 얼음이 된다.

● **물이 얼면 왜 부피가 커질까?**

물이 얼어서 얼음이 될 때 물을 이루고 있는 알갱이들이 육각형 모양으로 뭉쳐지게 된다. 이때 육각형 사이사이에 빈 공간이 생겨서 부피가 커진다.

● **물이 얼면 무게도 늘어날까?**

물이 얼면 부피가 커져 더 무거워진 것처럼 보이지만 물 알갱이 사이에 빈 공간이 생겼기 때문일 뿐이므로 무게는 변하지 않는다.

Speed OX

❸ 물이 얼어 얼음이 되면 부피가 커진다. ☐

❹ 물이 얼면 무게가 더 무거워진다. ☐

07 어떤 용액이 더 진할까?

● **용액이란?**

두 가지 이상의 물질이 골고루 섞여 있는 액체를 말한다. 물에 설탕을 녹여 만든 설탕물은 용액이다.

● **용액의 진하기란?**

물에 녹인 설탕의 양이 많은 용액이 설탕을 적게 녹인 용액보다 더 진한 용액이다. 용액의 진하기가 진할수록 무겁다.

● **진하기가 다른 용액을 이용해서 무지개탑 만들기**

용액의 진하기가 다른 설탕물에 각각 다른 색깔의 물감을 섞는다.

용액의 진하기가 진할수록 무겁기 때문에 진한 용액부터 천천히 차례대로 부으면 섞이지 않게 탑을 만들 수 있다.

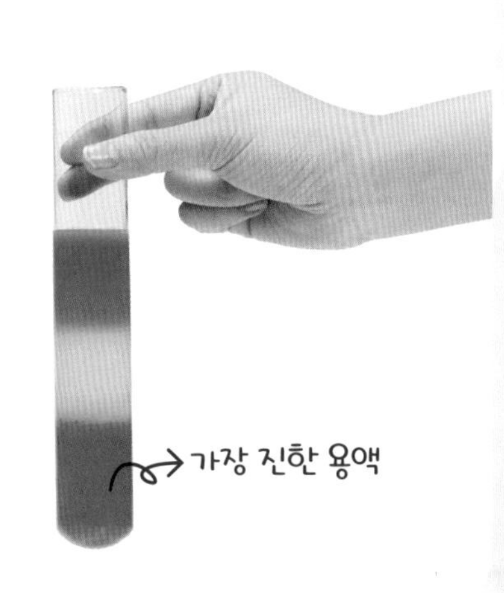

Speed OX

❺ 두 가지 이상의 물질이 고르게 섞여 있는 액체를 용액이라고 한다. ☐

❻ 진하기가 진한 용액일수록 무겁다. ☐

솔방울로 가습기를 만들어 볼까?

사과나무에서는 사과, 포도나무에서는 포도가 열리는 것처럼 소나무에도 열매가 있단다. 바로 '솔방울'이야. 솔방울은 야생 동물에게 좋은 먹이가 되기도 하고, 잘 마른 솔방울은 불을 피우거나 집 안을 장식하는 데 이용되기도 해. 혹시 솔방울이 가습기 역할을 할 수 있다는 것을 알고 있니? 집 안이 건조할 때 틀어 두어 우리가 숨 쉬는 데 도움을 주는 가습기 말이야. 솔방울이 어떻게 가습기 역할을 할 수 있는지 알아보자.

솔방울은 물을 빨아들이면 오므라들고, 물이 말라서 건조해지면 활짝 펼쳐지는 성질이 있어. 마치 변신 로봇처럼 모양이 변하는 거지.

이런 성질을 이용해서 먼저 솔방울을 물에 담가 오므라들게 만든 다음, 약간의 물과 함께 그릇에 놓아두면 솔방울 속에 있던 물이 마르면서 가습기와 같은 역할을 한단다. 집 안이 건조한 것 같다면 솔방울을 이용해 천연 가습기를 만들어 봐!

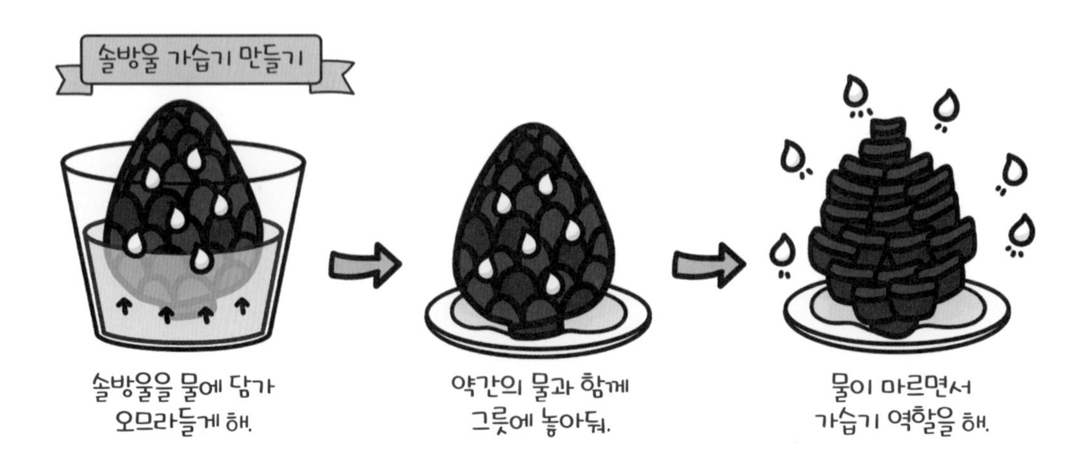

그림이 나타내는 용어를 따라 쓰면서 의미를 이해해 봐요.

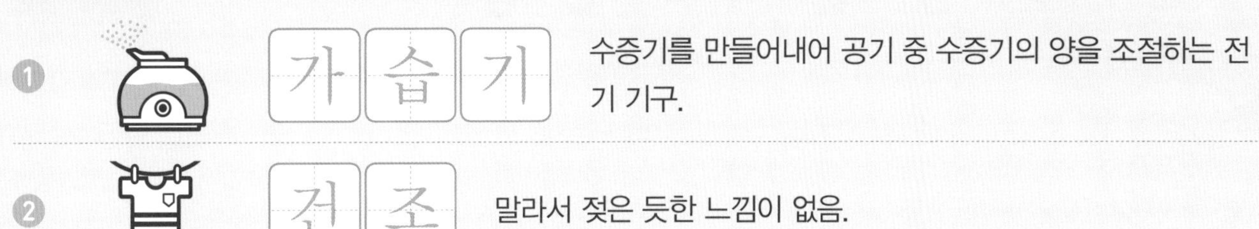

① 가습기 — 수증기를 만들어내어 공기 중 수증기의 양을 조절하는 전기 기구.

② 건조 — 말라서 젖은 듯한 느낌이 없음.

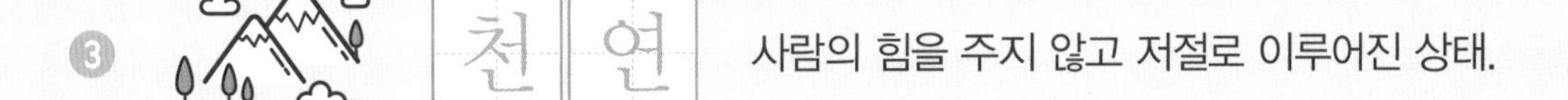

③ 천연 — 사람의 힘을 주지 않고 저절로 이루어진 상태.

정답 130쪽

1 옛날 사람들은 지붕 끝에 솔방울을 매달아 두고 날씨를 예상했어요. 다음과 같이 예상했을 때 솔방울의 모습을 찾아 선으로 이으세요.

2 숲에서 캠핑을 하다 아래와 같은 모양의 솔방울을 발견했어요. 솔방울의 모양을 통해 알 수 있는 것은 무엇인지 말풍선 안에 쓰세요.

방귀는 왜 나오는 걸까?

눈으로 방귀를 본 적 있니? 눈에 보이지 않는 방귀를 우리는 어떻게 알 수 있는 걸까? 바로, 뿡~ 하는 소리와 함께 공기 중에 퍼지는 지독한 냄새로 알 수 있지. 눈에 보이지는 않지만 그 존재감은 확실한 방귀. 어떤 친구인지 알아보자.

방귀는 음식물이 배 속에서 소화되면서 만들어지는 가스야. 배 속에 모인 가스가 좁은 항문을 통해 빠르게 빠져나오다 보니 소리가 나게 되는 거란다.

그럼 지독한 냄새는 왜 나는 걸까? 방귀 냄새의 비밀은 우리들이 먹는 음식에 숨어 있어. 우리가 어떤 음식을 먹느냐에 따라 방귀의 냄새가 달라진다고 해. 우리 몸에 필요한 영양소인 단백질이 많이 든 음식을 먹을수록 지독한 방귀 냄새가 만들어져. 반대로 단백질이 적게 든 음식을 먹으면 냄새가 덜 나는 방귀가 만들어지는 거야. 실제로 우리가 하루에 뀌는 방귀의 대부분은 냄새가 없단다.

내가 먹는 음식에 따라 방귀 냄새가 어떻게 바뀌는지 오늘부터 직접 실험해 보는 건 어때?

그림이 나타내는 용어를 따라 쓰면서 의미를 이해해 봐요.

① 소화 — 먹은 음식물을 작게 쪼개어 영양분을 흡수하기 쉽게 바꾸는 일.

②  항문 — 큰창자와 이어져 몸 밖으로 나가는 소화 기관의 마지막 부분으로, 방귀나 똥을 밖으로 내보냄.

③ 단백질 — 우리 몸의 생명을 유지하게 하는 영양소 중 하나로, 콩이나 닭고기 등에 많이 들어 있음.

확인해 봐요!

정답 130쪽

1 방귀에 대해 바르게 말한 친구의 방귀 소리에 모두 ○표 하세요.

2 오늘 먹은 음식을 떠올리며, 내 배 속에서 만들어진 방귀가 어떤 특징을 가지고 있을지 나만의 방귀 캐릭터를 그리고 소개해 보세요.

나의 방귀 캐릭터	캐릭터 소개
	냄새:
	소리:
	출생지(먹은 음식):
이름:	한 마디!

비주얼 씽킹

10

참쌤 동영상

헬륨 가스가 궁금해!

풍선을 불어 입구를 묶은 뒤에 손에서 놓으면 풍선이 어떻게 될까? 맞아. 바닥으로 떨어지게 돼. 그런데 혹시 하늘로 올라가는 풍선을 본 적이 있니? 놀이동산에 있는 풍선 같은 것 말이야. 내가 분 풍선은 바닥으로 내려오는데 왜 어떤 풍선은 하늘로 올라가는 걸까? 그건 바로 풍선 안에 들어 있는 기체가 다르기 때문이야. 하늘로 올라가는 풍선 안에 들어 있는 기체는 '헬륨 가스'인데, 헬륨 가스는 공기보다 가벼워서 풍선이 하늘 위로 올라가도록 만든단다.

이 헬륨 가스를 마시고 말을 하면 목소리가 이상하게 변해. 목소리는 폐에서 나오는 공기가 성대를 지나면서 생기는 진동 때문에 생기는 거야. 소리를 낼 때 목에 손을 대 봐. 진동이 느껴질 거야. 성대가 빠르게 진동하면 높은 목소리, 느리게 진동하면 낮은 목소리가 나와. 헬륨 가스는 공기보다 가볍다 보니 성대를 빠르게 진동시켜서 평소 목소리보다 아주 높은 목소리가 나온단다.

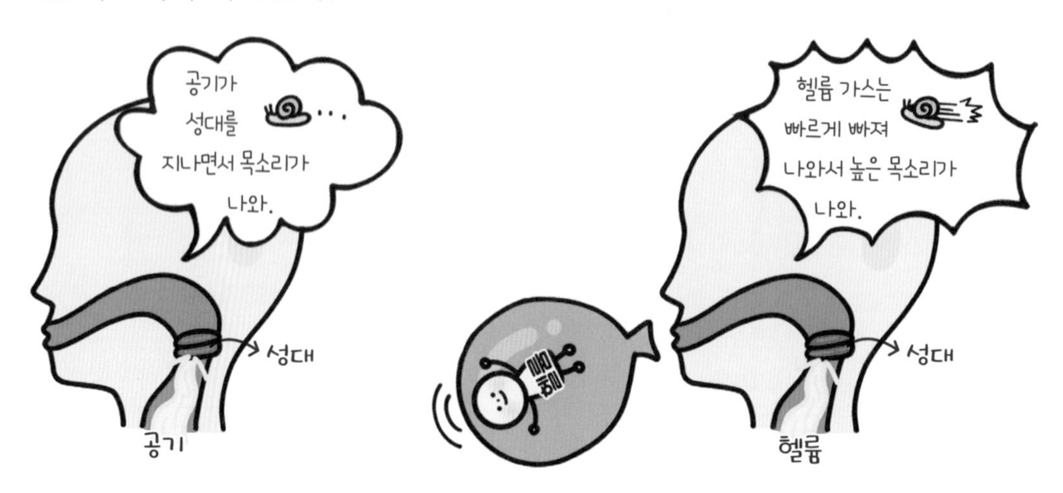

그림이 나타내는 용어를 따라 쓰면서 의미를 이해해 봐요.

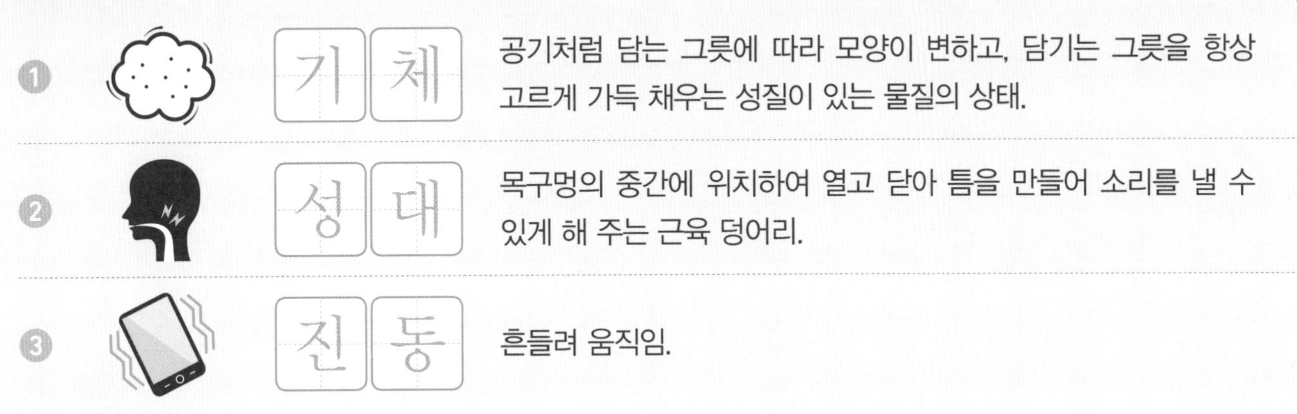

1. 기체 — 공기처럼 담는 그릇에 따라 모양이 변하고, 담기는 그릇을 항상 고르게 가득 채우는 성질이 있는 물질의 상태.
2. 성대 — 목구멍의 중간에 위치하여 열고 닫아 틈을 만들어 소리를 낼 수 있게 해 주는 근육 덩어리.
3. 진동 — 흔들려 움직임.

정답 130쪽

1 '헬륨 가스가 궁금해!' 내용을 읽고 알게 된 사실을 초성을 참고하여 정리해 보세요.

- 헬륨 가스는 공기보다 무게가 [ㄱ][ㅂ][ㅇ].
- 목소리는 공기가 성대를 지나면서 생기는 [ㅈ][ㄷ] 때문에 나오는 거야.
- 헬륨 가스를 마시고 말을 하면 평소보다 [ㄴ][ㅇ] 목소리가 나와.

2 울고 있는 신데렐라의 이야기를 듣고 어떻게 하면 해결할 수 있는지 빈칸에 알맞은 말을 써 넣으세요.

Speed OX 정답 130쪽

08 솔방울로 가습기를 만들어 볼까?

● **솔방울이란?**

소나무에 열리는 열매를 말한다. 솔방울은 야생 동물의 먹이, 불을 피울 때 사용하는 땔감, 집안 장식 등으로 사용된다.

● **솔방울이 가습기 역할을 한다고?**

솔방울은 물을 빨아들이면 오므라들고 물이 마르면 펼쳐지는 성질을 가지고 있다. 이 성질을 이용해 물을 잔뜩 머금어 오므라든 솔방울을 집 안에 놓아두면 물이 마르면서 가습기 역할을 한다.

물이 마르면 펼쳐진다.

물을 빨아들이면 오므라든다.

Speed OX

1. 솔방울은 물을 흡수하면 오므라드는 성질을 가지고 있다. ☐
2. 솔방울을 이용해 천연 가습기를 만들 수 있다. ☐

09 방귀는 왜 나오는 걸까?

● **방귀는 어떻게 만들어질까?**

음식물이 배 속에서 세균에 의해 소화가 되면서 만들어지는 가스를 방귀라고 한다. 이때 가스가 좁은 항문을 통해 빠르게 빠져나올 때 소리가 난다.

◆ 방귀 냄새의 비밀은?

방귀 냄새는 어떤 음식을 먹느냐와 관련이 있다. 단백질이 많이 들어 있는 음식을 먹으면 냄새가 많이 나고, 단백질이 적게 들어 있는 음식을 먹으면 냄새가 잘 나지 않는다. 보통 대부분의 방귀는 냄새가 나지 않는다.

지독한 방귀 냄새를 만드는 음식

방귀를 자주 뀌게 만드는 음식

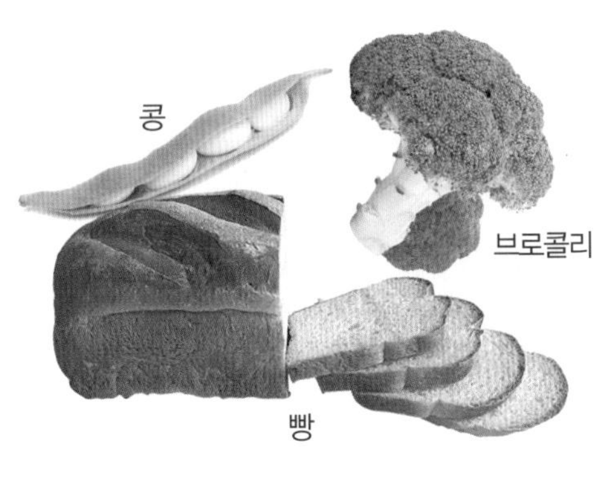

Speed OX

③ 방귀는 눈에 보이지 않지만 냄새나 소리로 알 수 있다. ☐

④ 어떤 음식을 먹었는지에 따라 방귀 냄새가 결정되는데 대부분의 방귀는 냄새가 지독하다. ☐

10 헬륨 가스가 궁금해!

◆ 헬륨 가스란?

공기보다 가벼운 기체로 풍선에 넣으면 풍선이 떠오르게 한다.

◆ 목소리란?

폐에서 나오는 공기가 성대를 지나면서 생기는 진동 때문에 만들어지는 것이다. 성대가 빠르게 진동하면 높은 목소리, 느리게 진동하면 낮은 목소리가 나온다.

◆ 목소리가 헬륨 가스를 만나면?

공기보다 가벼운 헬륨 가스가 성대를 통과할 때는 아주 빠르게 진동하여 평소보다 훨씬 더 높은 목소리가 나온다. 헬륨 가스가 사라지면 원래의 목소리로 돌아온다.

⑤ 헬륨 가스를 넣은 풍선은 하늘로 떠오른다. ☐

⑥ 헬륨 가스를 마시고 말을 하면 평소보다 낮은 목소리가 나온다. ☐

과학 탐구 퀴즈

1 우리 생활 속에서 물을 이용하고 있는 모습을 찾아서 ○표 하세요.

2 단서를 보고 숙제를 하지 않은 사람을 찾아라!

선생님께서 같은 양의 물에 설탕을 정해진 양만큼 녹여 각각 빨강, 주황, 노랑, 초록, 파랑 물감을 섞어 무지개탑을 만드는 숙제를 내셨어요. 단서를 보고 숙제를 하지 않은 사람을 찾아 이름에 ○표 하세요.

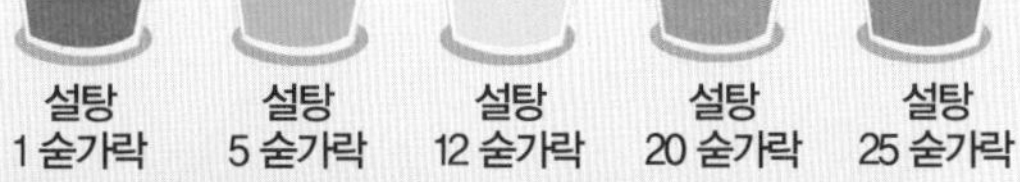

얼렁이

평소에 장난을 많이 치고 웃음이 많다.

#1 전 정말 숙제를 했어요. 그런데 빨간색을 맨 위에 오게 하고 싶었는데 바닥에 있어서 아쉬웠어요.

뚱땅이

호기심이 많고, 활발하다.

#2 어제 학원 가기 전에 무지개탑을 만들었어요. 파란색 설탕물을 쏟아서 엄마께 혼이 났었어요. 그리고 노란색과 초록색이 바로 위아래에 붙어 있어서 약간 섞였어요.

내숭이

차분하고, 조용한 성격이다.

#3 무지개탑 만들기가 정말 재미있었어요. 처음에는 빨간색을 가장 먼저 넣었다가 실패했어요. 그래서 다시 파랑, 초록, 노랑, 주황, 빨강 순서로 넣어서 예쁜 무지개탑을 만들었어요.

에너지

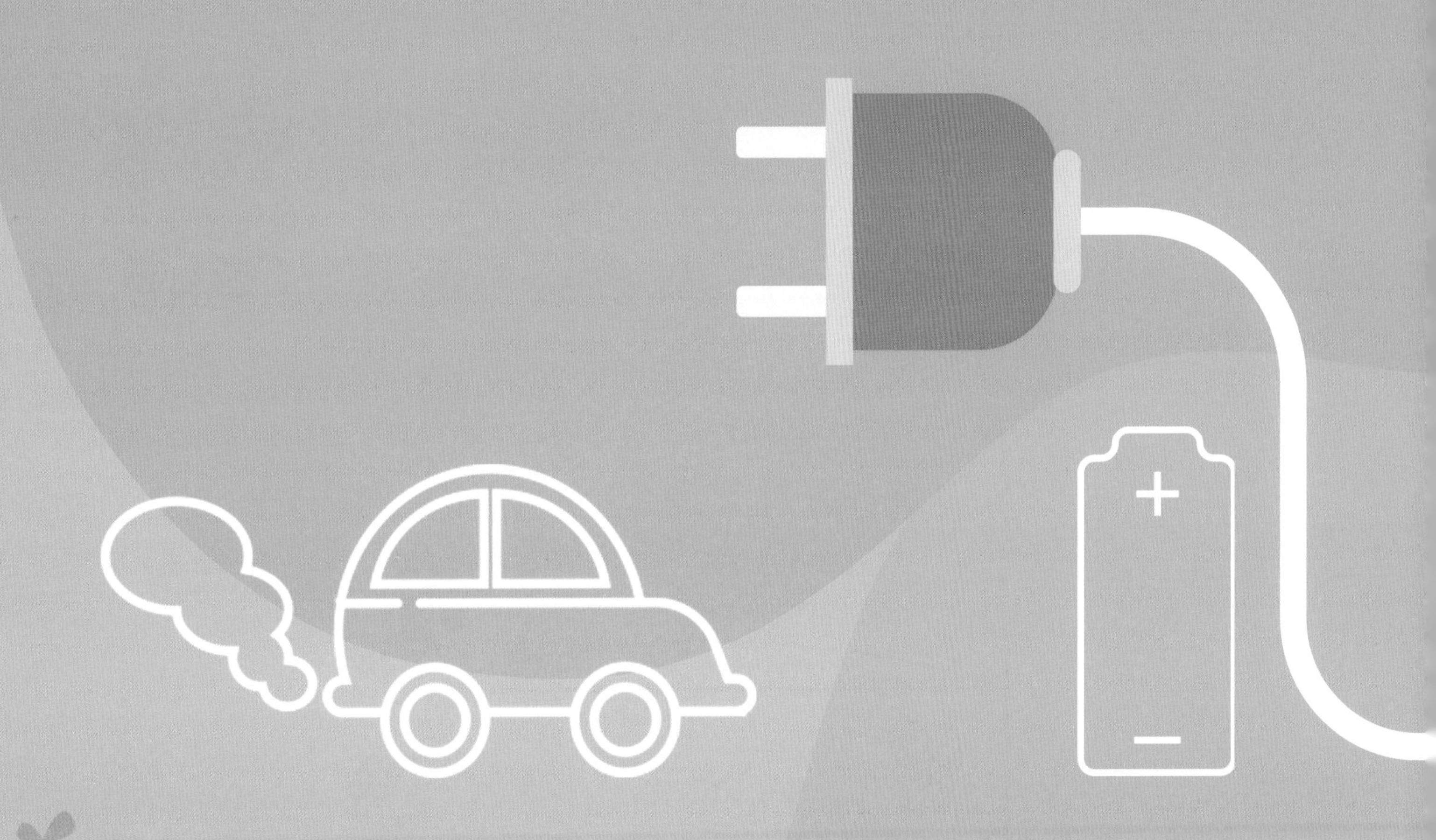

번개와 천둥은 왜 생길까?

번쩍번쩍, 우르르 쾅쾅! 비가 많이 오는 날에 우리를 깜짝 놀라게 하는 번개와 천둥은 왜 생기는 걸까?

먼저 번개에 대해서 알아보자. 하늘 높이 떠 있는 구름에는 작은 물과 얼음 알갱이들이 모여 있는데, 이 알갱이들이 서로 부딪히면서 전기가 있는 알갱이가 생기게 돼. 이렇게 만들어진 전기가 있는 알갱이는 크게 두 종류로 나뉘어 각각 구름의 위쪽과 아래쪽에 모여. 여럿이 모이면서 힘이 강해진 전기 알갱이들 사이에서 순간적으로 강한 전기가 흐르는 것을 번개라고 해.

한편, 번개 주변에 있던 공기 알갱이들은 강한 전기의 영향으로 빠르게 뜨거워져. 이렇게 뜨거워진 공기 알갱이가 차가운 공기 알갱이와 만나면서 폭발하는 듯한 큰 소리를 내는 것이 바로 천둥이란다.

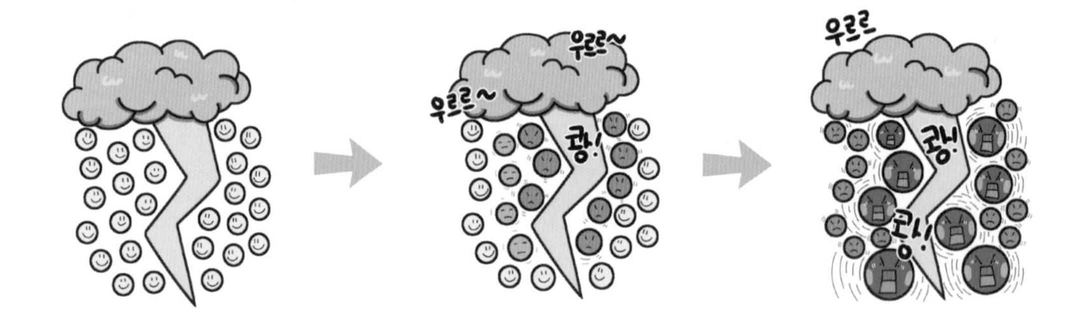

그렇다면 번쩍번쩍 번개가 먼저 빛을 낸 뒤에 우르르 쾅쾅 천둥소리가 나는 이유는 무엇일까? 바로 빛은 소리보다 빠르기 때문에 번개가 먼저 보이고, 몇 초 후에 천둥소리가 들리는 것이란다.

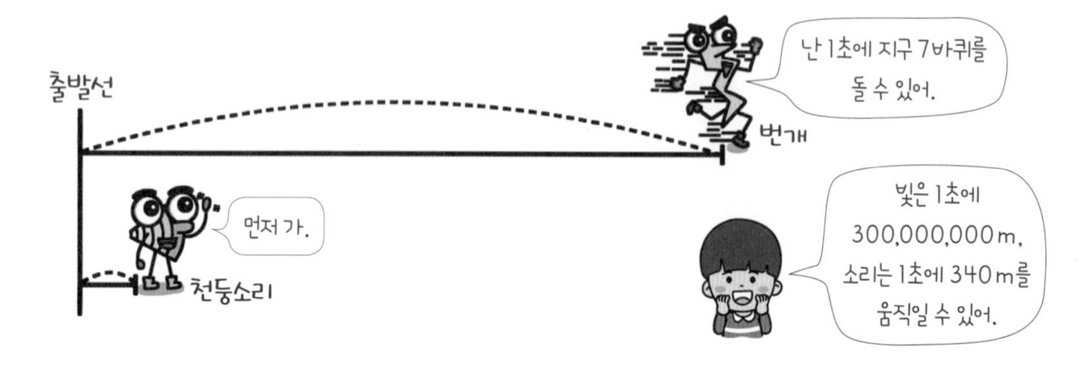

그림이 나타내는 용어를 따라 쓰면서 의미를 이해해 봐요.

①  번개 — 구름과 구름, 구름과 땅 사이에서 공중 전기가 흘러나오면서 일어나 번쩍이는 불꽃.

② 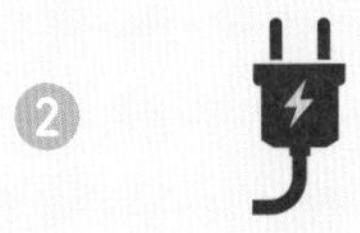 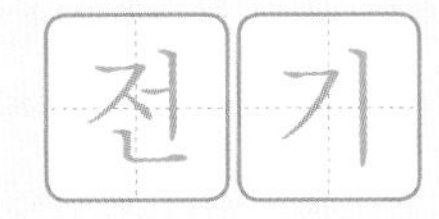 전기 — 열이나 빛을 내거나 움직이는 전기 기구에 사용할 수 있는 에너지의 한 형태.

③  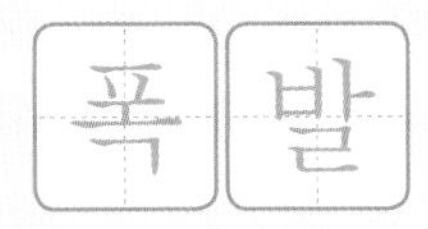 폭발 — 불이 일어나며 갑자기 터짐.

정답 131쪽

1 두 구름의 모습을 보고, 번쩍번쩍 번개가 칠 수 있는 구름에 ○표 하세요.

2 번개와 천둥이 치면서 비가 많이 오는 날이에요. 한준이가 깜짝 놀라고 있네요. 한준이를 먼저 깜짝 놀라게 한 창문 밖 범인은 누구인지 쓰세요.

거울은 어디에 사용될까?

머리를 빗거나 얼굴에 로션을 바를 때, 입은 옷을 확인할 때와 같은 일상생활에서 거울을 많이 사용하고 있어. 거울은 또 어떤 경우에 사용될까?

놀이공원의 거울의 방에 들어가면 여러 명으로 보이는 내 모습에 신기했던 적이 있을 거야. 거울에 비친 내 모습이 또 다른 거울에 계속 비치면서 재미있는 경험을 하게 돼.

편의점 높은 곳 구석에 거울이 있는 것을 알고 있었니? 편의점의 높은 곳에 있는 둥근 거울은 편의점 안쪽 구석구석을 비춰 주기 때문에 눈으로 한번에 보기 힘들었던 편의점 안의 많은 부분을 볼 수 있단다.

삼각형 모양의 기둥을 돌리면 여러 가지 색깔의 종이 조각이 만드는 다양한 무늬를 볼 수 있는 만화경 안에도 거울 세 개가 들어있단다.

카메라에도 거울이 사용돼. 사진을 찍기 위해 카메라에 눈을 대고 보면 보이는 모습이 물체의 모습과 똑같이 보이는데, 카메라 안에 거울이 들어있기 때문이야.

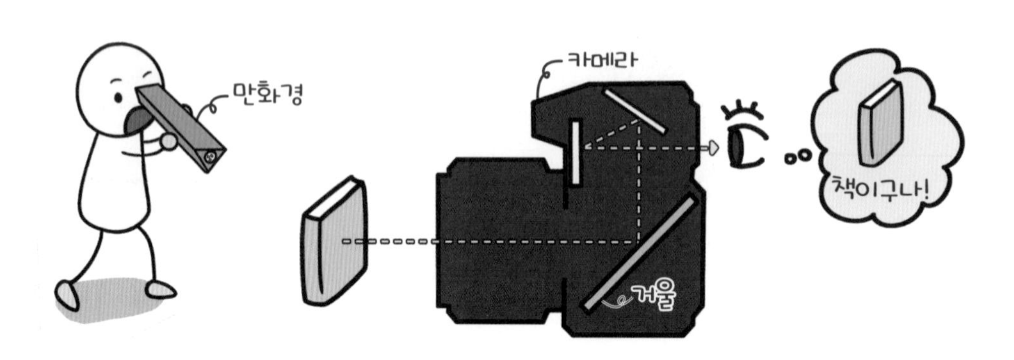

그림이 나타내는 용어를 따라 쓰면서 의미를 이해해 봐요.

① 거울 빛을 이용하여 물체의 모양을 비추어 보는 물건.

② 편의점 손님의 편리함을 위하여 하루종일 문을 여는 가게.

③ 카메라 사진을 찍는 기계.

정답 131쪽

1 친구들이 공통적으로 사용하고 있는 것은 무엇인지 쓰세요.

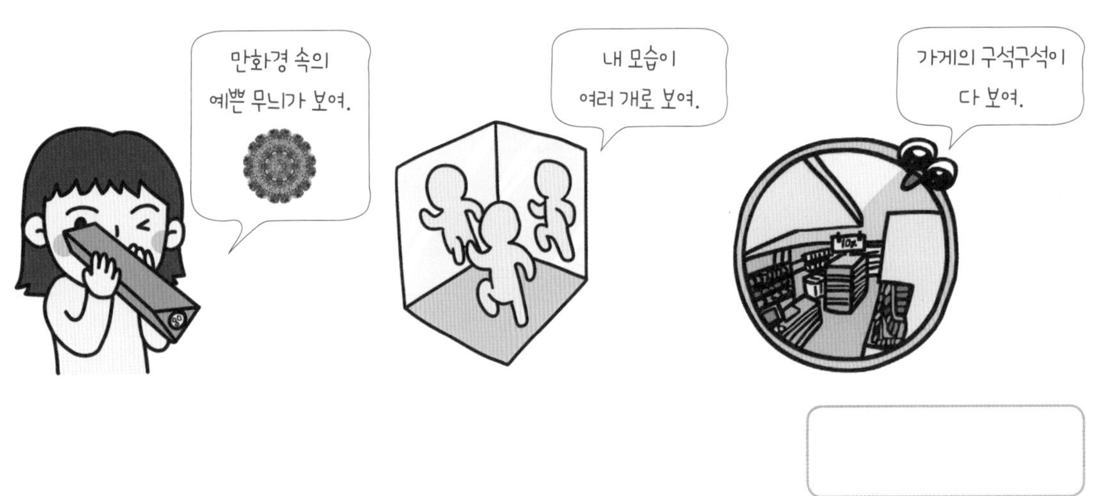

2 우리 주변에서 거울이 사용되는 모습에는 또 어떤 것이 있을지 생각하고 써 보세요.

그림자에도 색깔이 있을까?

햇빛이 비추는 운동장에서 놀 때 발밑에 만들어진 검은 그림자를 본 기억이 있지? 그림자는 빛이 물체에 가려져 지나가지 못하는 부분에 생겨. 빛이 물체를 지나지 못해 빛이 닿지 못하는 부분은 왜 생길까? 그건 바로 빛은 똑바로 나아가는 성질이 있기 때문이야. 이것을 빛의 직진이라고 해. 만약 빛이 구불구불 휘어져 나아간다면 그림자는 잘 생기지 않을 거야.

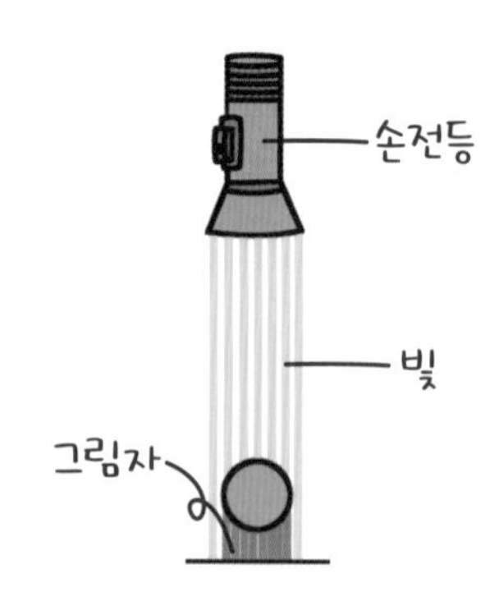

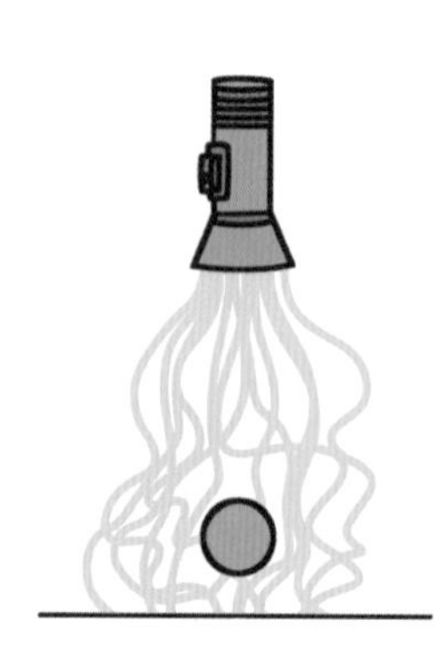

그림자는 이렇게 빛이 닿지 못하는 부분에 생기기 때문에 색이 어둡단다. 그렇다면 색깔이 있는 그림자를 만들 수는 없을까? 색이 다른 두 개의 빛을 양쪽에서 비추면 돼.

빨간색 빛이 닿지 않아 만들어진 그림자 부분에 다른 쪽에서 초록색 빛을 비춰주면 그림자에 초록색 빛이 비쳐서 마치 그림자에 색깔이 있는 것처럼 보인단다.

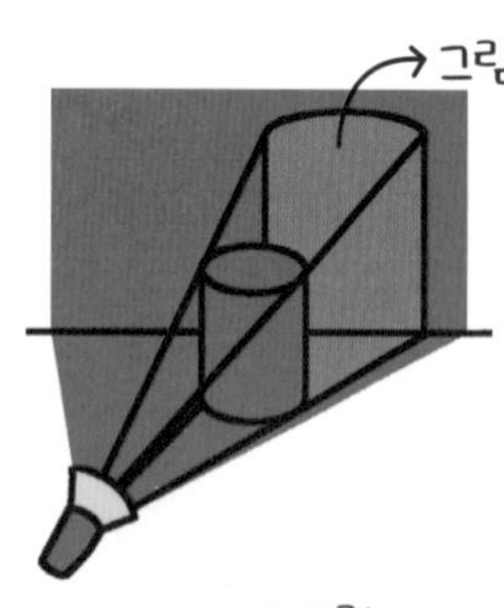

왼쪽에서 빨간색 빛을 비추면 빛이 닿지 않는 부분에 그림자가 생겨.

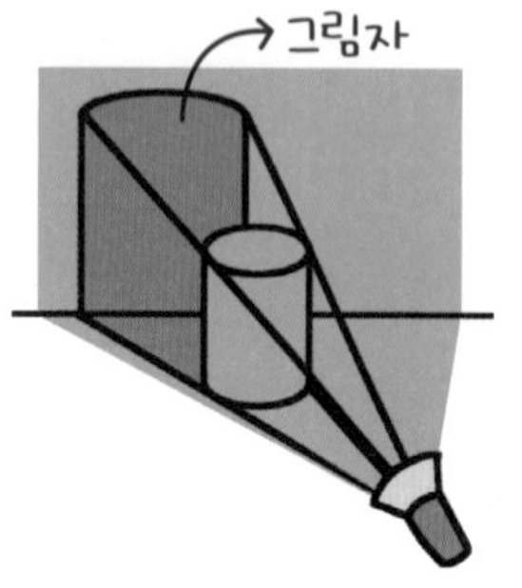

반대편 오른쪽에서 초록색 빛을 비추면 빛이 닿지 않는 부분에 그림자가 생겨.

두 빛을 동시에 비추면 빛이 닿지 않는 부분에 빛이 비쳐서 그림자에 색깔이 있는 것처럼 보여.

그림이 나타내는 용어를 따라 쓰면서 의미를 이해해 봐요.

①  빛 반짝거리거나 빛나는 것.

②  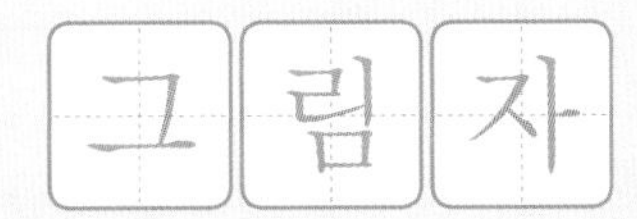

물체가 빛을 가려서 그 반대쪽에 나타나는 것으로, 그 물체의 모양을 닮은 검은 그늘.

③ 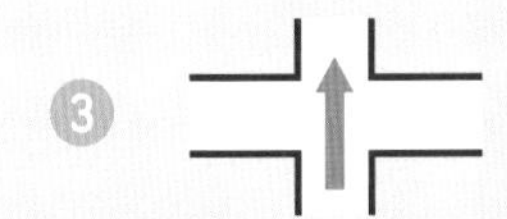 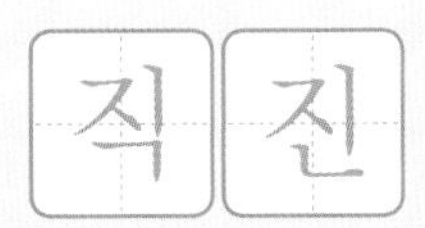

곧게 나아가는 것.

정답 131쪽

1 손전등으로 공에 빛을 비추고 있어요. 손전등에서 빛이 나아가는 모습을 그리세요.

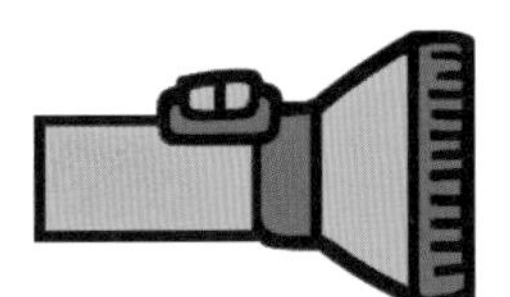 

2 물체의 다른 방향에서 색깔이 있는 손전등을 비추고 있어요. ①번 그림자와 ②번 그림자는 각각 어떤 색깔일지 보기에서 골라 쓰세요.

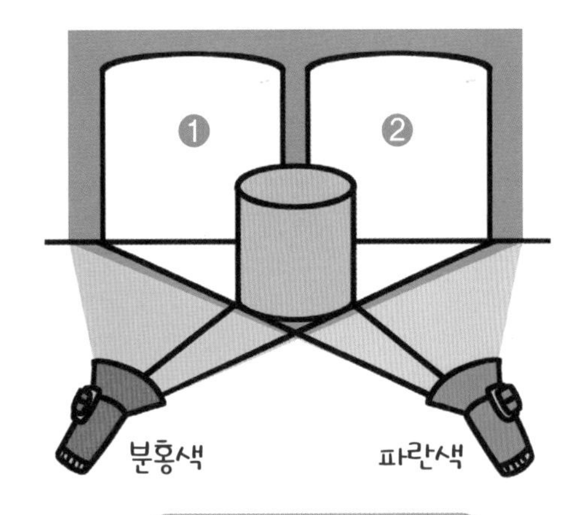

보기
분홍색, 주황색,
노란색, 초록색,
파란색, 검은색

• ①번 그림자 ( )

• ②번 그림자 ( )

Speed OX 정답 131쪽

11 번개와 천둥은 왜 생길까?

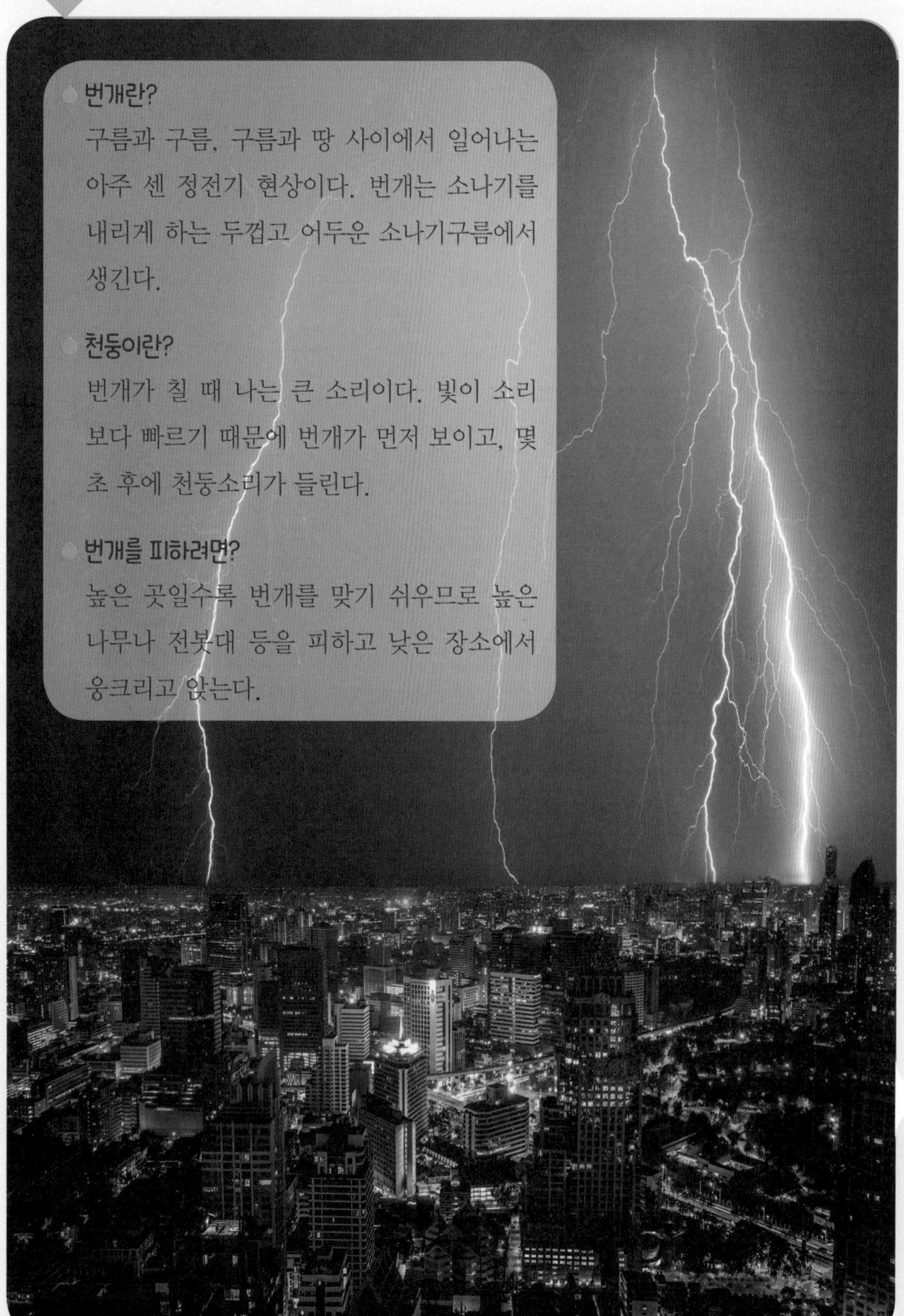

번개란?

구름과 구름, 구름과 땅 사이에서 일어나는 아주 센 정전기 현상이다. 번개는 소나기를 내리게 하는 두껍고 어두운 소나기구름에서 생긴다.

천둥이란?

번개가 칠 때 나는 큰 소리이다. 빛이 소리보다 빠르기 때문에 번개가 먼저 보이고, 몇 초 후에 천둥소리가 들린다.

번개를 피하려면?

높은 곳일수록 번개를 맞기 쉬우므로 높은 나무나 전봇대 등을 피하고 낮은 장소에서 웅크리고 앉는다.

Speed OX

❶ 천둥은 눈에 밝게 보이는 빛이다. ☐

❷ 빛인 번개보다 천둥소리가 더 빠르다. ☐

12 거울은 어디에 사용될까?

● 거울이란?

빛의 반사를 이용해 물체의 모양을 비추어 보는 물건으로, 은색 유리 뒷면에 은박을 씌워 만든다.

● 거울이 사용되는 곳은?

- 놀이공원의 거울의 방에 여러 개의 거울이 사용된다.
- 볼록한 거울은 넓은 부분을 보여주기 때문에 편의점에서 많이 사용된다.
- 카메라 안에 작은 거울이 들어있다.
- 건물의 안이나 밖을 거울로 꾸미기도 한다.

Speed OX

③ 거울은 빛의 반사를 이용한다. ☐

④ 편의점의 볼록한 거울은 넓은 부분을 보여준다. ☐

13 그림자에도 색깔이 있을까?

● 빛의 직진이란?

빛은 공기 중에서 곧게 나아가는 성질이 있다. 빛이 직진하기 때문에 빛이 닿지 않는 곳에 그림자가 생긴다.

● 빛에 따라 생기는 그림자

색깔이 있는 빛을 두 가지 이상 비추면 한 가지의 빛이 닿지 않는 곳에 다른 빛이 닿아 색깔이 있는 그림자처럼 보인다.

Speed OX

⑤ 빛은 항상 곧게 나아간다. ☐

⑥ 다른 세 가지 색깔의 빛으로 세 가지 색깔의 그림자를 만들 수 있다. ☐

정전기를 내가 만들 수 있어!

겨울에 옷을 입다가 찌릿! 친구와 손이 살짝 닿았을 때 찌릿! 이런 찌릿찌릿한 느낌이 왜 일어나는지 알아보자.

풍선을 불어서 옷에 문지른 후 머리카락에 가져다 대어 보면 머리카락이 풍선에 달라붙어. 또한 플라스틱판을 부드러운 털로 문지른 후 잘라놓은 색종이에 가까이 하면 색종이들이 달라붙는 걸 볼 수 있어. 이러한 현상은 정전기 때문에 나타난단다. 정전기는 전기가 그 자리에 머물러 있다고 해서 붙여진 이름이야. 정전기는 순간 찌릿할 정도로 세게 느껴지지만 전기의 양이 적어서 우리 몸에 문제를 만들지는 않아. 하지만 가스나 아주 작은 공기 방울이 공기 중에 떠 있을 때나 작은 가루들이 있을 때 정전기가 생기면 폭발할 수 있기 때문에 조심해야 해. 우리가 자연 현상에서 볼 수 있는 가장 큰 정전기는 바로 번개란다.

정전기를 줄이려면 어떻게 해야 할까? 습도를 높이면 된단다. 습도란 공기 중에 수증기가 들어 있는 정도를 나타낸 것으로, 정전기를 일으킬 수 있는 전기가 머물러 있지 않고 수증기를 타고 이동하기 때문에 습도가 높으면 전기가 금방 흩어져. 그래서 습도가 높은 여름에는 정전기가 잘 발생하지 않고, 습도가 낮아 건조한 겨울에 정전기가 훨씬 많이 일어나는 거야.

그림이 나타내는 용어를 따라 쓰면서 의미를 이해해 봐요.

❶ 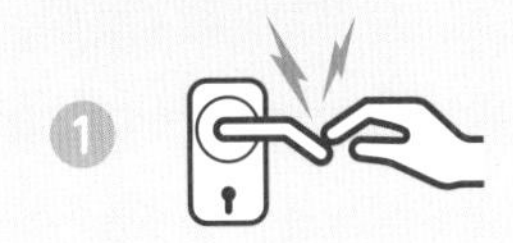 정 전 기 — 털, 플라스틱 같은 물질들을 서로 비빌 때 생기는, 흐르지 않는 약한 전기.

❷  습 도 — 공기 중에 수증기가 포함되어 있는 정도, 또는 그것을 나타내는 수.

❸  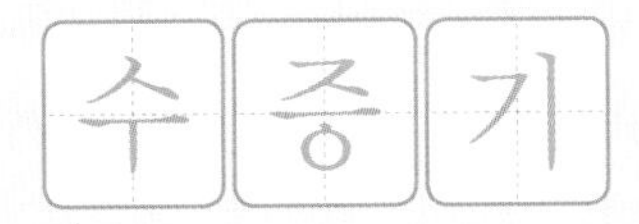

— 기체 상태로 되어 있는 물.

● 정답 131쪽

1 겨울철에 주유소에서 차에 기름을 넣기 전에 아빠가 손 모양 패드에 손을 대는 모습이에요. 아빠는 무엇이 생기는 것을 막기 위해 손을 댄 것인지 쓰세요.

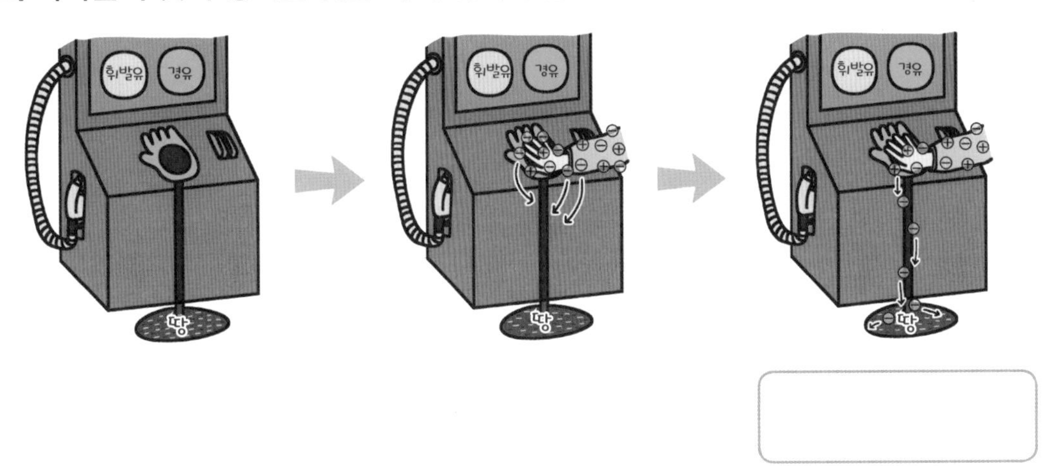

2 정전기는 너무 따가워요. 겨울에 정전기를 막기 위한 방법을 잘못 말한 친구의 그림에 ×표 하세요.

왜 전기를 절약해야 할까?

컴퓨터, 텔레비전, 냉장고, 세탁기 등에 사용되는 전기는 우리 생활에 없어서는 안 될 존재야. 하지만 전기의 사용량이 늘어날수록 전기를 절약해야 해.

전기는 대부분 발전소에서 만들어 집으로 전달돼. 이러한 전기를 만들 때 많은 돈이 들고 발전소에 따라 위험하기도 하며, 환경 오염 등의 문제도 있어.

전기를 절약하면 어떤 점이 좋을까? 전기를 절약하여 적은 양만 사용하면 전기를 만들 때 필요한 돈을 절약할 수 있어. 또한 사용한 만큼 내야 할 전기요금도 줄어들겠지? 전기를 만들 때 발생하는 오염 물질이 줄어들면 지구의 환경도 지킬 수 있단다.

그럼, 우리가 실천할 수 있는 전기 절약 방법은 무엇이 있을까? 사용하지 않는 전기 기구의 플러그는 뽑아 두는 거야. 여름이나 겨울에 실내 온도를 적당하게 유지하고, 겨울에 실내가 추우면 내복을 입는 것도 전기를 절약하는 방법이란다.

그림이 나타내는 용어를 따라 쓰면서 의미를 이해해 봐요.

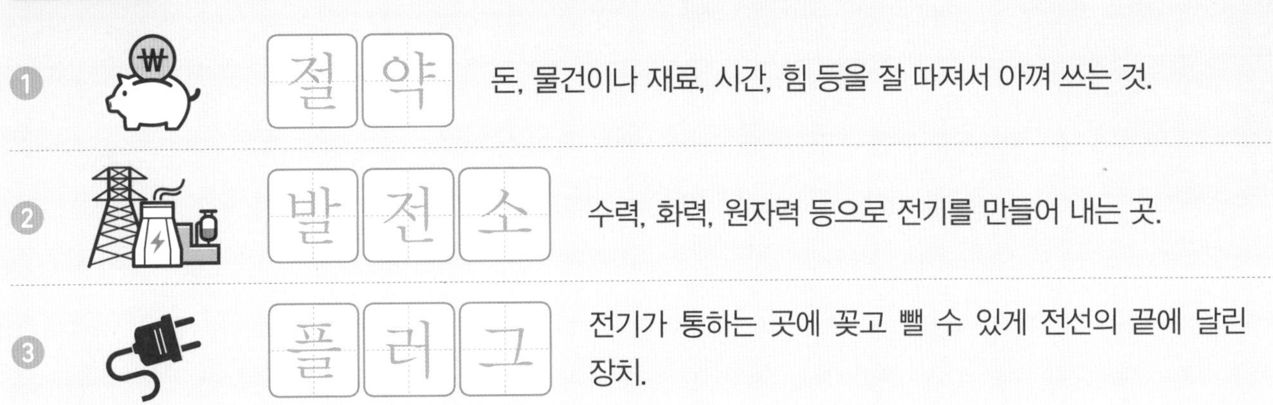

1. 절약: 돈, 물건이나 재료, 시간, 힘 등을 잘 따져서 아껴 쓰는 것.
2. 발전소: 수력, 화력, 원자력 등으로 전기를 만들어 내는 곳.
3. 플러그: 전기가 통하는 곳에 꽂고 뺄 수 있게 전선의 끝에 달린 장치.

정답 131쪽

1 지우가 스무고개 문제를 내고 있어요. 지우가 내는 스무고개 문제의 답은 무엇인지 쓰세요.

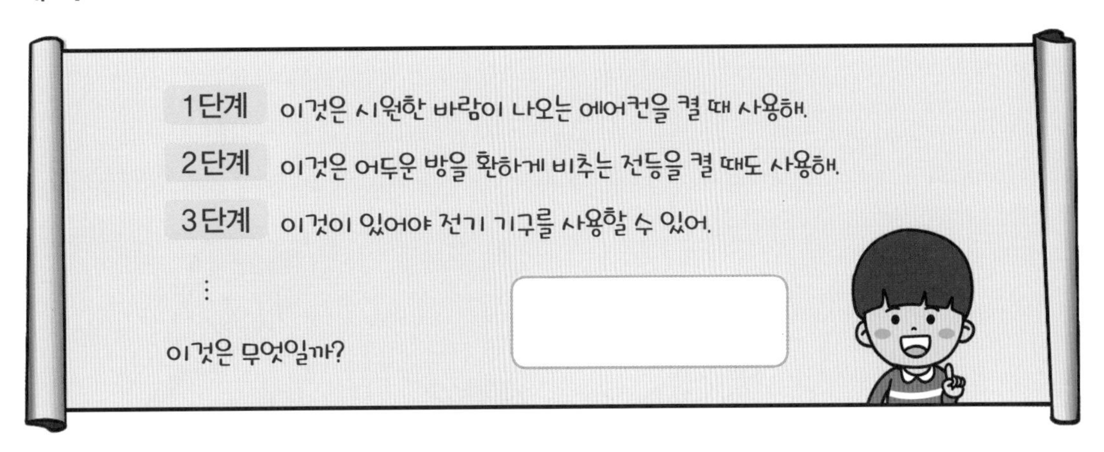

2 너무 더워서 친구들이 에어컨을 켜려고 해요. 그런데 에어컨을 켤 때 전기를 절약할 수 있는 방법을 주희가 알려 주네요. 알맞은 방법을 말풍선 안에 쓰세요.

전기가 위험해요?

전기는 우리 생활에 꼭 필요하지만 잘못 사용하면 큰 사고가 날 수 있어서 위험하단다. 그렇다면 전기를 안전하게 사용하기 위해서는 어떻게 해야 할까?

절대로 젖은 손으로 플러그를 만지지 않아야 해. 젖은 손을 통해 전기가 몸속으로 흐를 수 있기 때문이야.

또한, 콘센트나 한 개의 멀티탭에 많은 개수의 플러그를 한꺼번에 꽂지 않는 것이 좋아. 콘센트나 멀티탭에 한번에 흐르는 전기의 양이 많아지면 뜨거워지고 불이 날 수 있단다. 불이 나면 화상을 입는 등의 더 큰 피해가 생길 수도 있어.

콘센트에서 플러그를 뽑을 때 전선을 당기면 선 안쪽의 전기가 흐르는 전선이 끊어질 수 있기 때문에 플러그를 직접 손으로 잡고 뽑아야 해.

마지막으로, 사용하지 않는 전등이나 전기 기구는 스위치를 꺼 두어야 해. 특히 지진, 홍수 등의 자연재해의 위험이 있을 때 누전 차단기를 내리면 전기로 인해 일어날 수 있는 많은 피해를 막을 수 있단다.

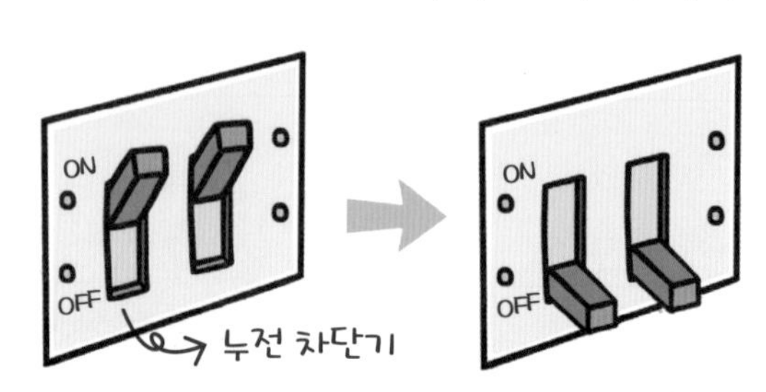

그림이 나타내는 용어를 따라 쓰면서 의미를 이해해 봐요.

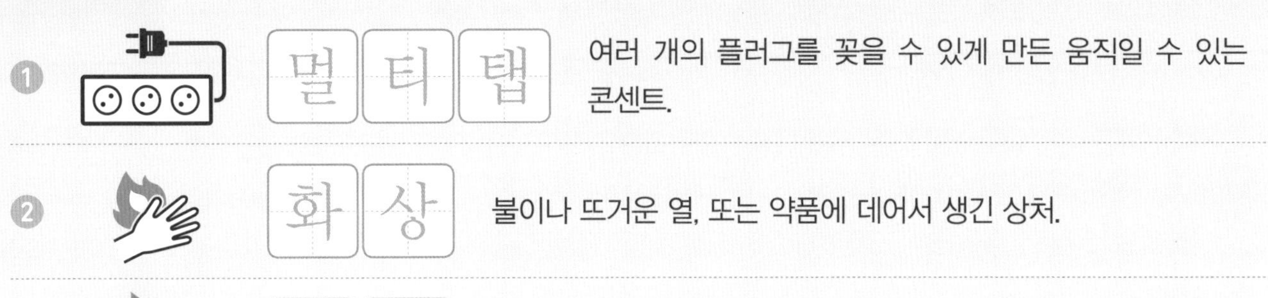

① 멀티탭: 여러 개의 플러그를 꽂을 수 있게 만든 움직일 수 있는 콘센트.

② 화상: 불이나 뜨거운 열, 또는 약품에 데어서 생긴 상처.

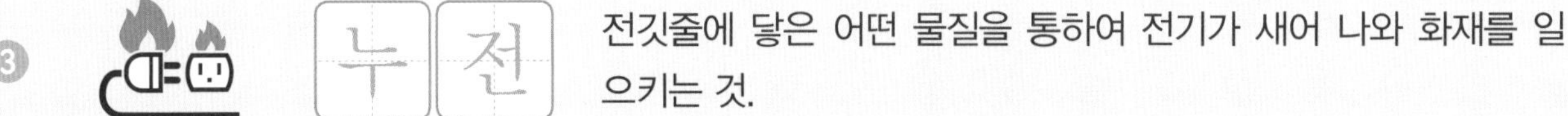

③ 누전: 전깃줄에 닿은 어떤 물질을 통하여 전기가 새어 나와 화재를 일으키는 것.

정답 131쪽

1 친구들이 전기를 사용하는 모습을 찍은 사진을 보고, 전기를 안전하게 사용한 친구의 사진에 있는 ♡ 모양에 색을 칠하세요.

2 지진으로 땅이 흔들리고 있을 때 예진이가 누전 차단기의 스위치를 내려서 끄고 있어요. 예진이가 누전 차단기의 스위치를 내리는 것은 무엇으로 인한 피해를 예방할 수 있는지 쓰세요.

비주얼 개념 정리

Speed OX 정답 131쪽

14 정전기를 내가 만들 수 있어!

● 정전기란?

서로 다른 두 물체를 문질렀을 때 생기는 전기로, 이동하지 않는 전기이다.

● 정전기가 생기지 않게 하려면?

공기 중의 습도를 높인다. 수증기가 많으면 전기가 머물러 있지 않고 수증기를 타고 이동하기 때문에 금방 흩어진다.

● 생활 속에서 볼 수 있는 정전기는?

- 풍선을 머리카락에 여러 번 문지른 후 머리 위로 천천히 들어 올리면 머리카락이 풍선을 따라 올라온다. 머리카락에 문지른 풍선을 머리카락에 붙일 수도 있다.
- 강하게 움직이는 공기 속에서 얼음 알갱이들이 서로 부딪히면서 정전기가 만들어져 번개가 친다.

Speed OX

1. 머리카락에 풍선을 문지르면 정전기 때문에 머리카락이 풍선에 붙는다. ☐
2. 습도를 낮추면 정전기가 잘 생기지 않는다. ☐

15 왜 전기를 절약해야 할까?

● 전기를 만드는 과정은?

우리나라에서 사용하는 대부분의 전기는 발전소에서 생산되어 전기선을 따라 집, 학교 등에 전달된다. 화력 발전소는 석탄, 석유 등의 연료를 태워서 만든 열로 물을 끓여 수증기를 만들고, 이 수증기가 기계를 돌리면서 전기가 만들어진다.

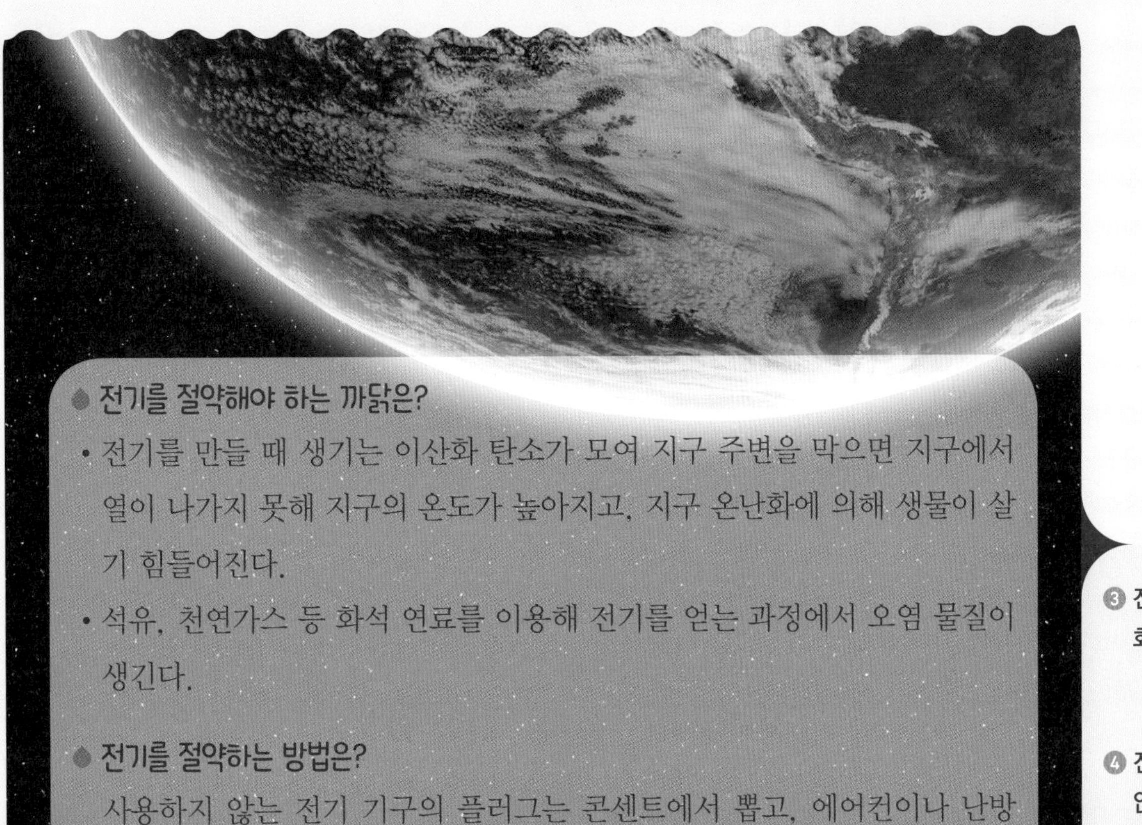

● 전기를 절약해야 하는 까닭은?

- 전기를 만들 때 생기는 이산화 탄소가 모여 지구 주변을 막으면 지구에서 열이 나가지 못해 지구의 온도가 높아지고, 지구 온난화에 의해 생물이 살기 힘들어진다.
- 석유, 천연가스 등 화석 연료를 이용해 전기를 얻는 과정에서 오염 물질이 생긴다.

● 전기를 절약하는 방법은?

사용하지 않는 전기 기구의 플러그는 콘센트에서 뽑고, 에어컨이나 난방기를 사용할 때는 적당한 실내 온도를 유지한다.

③ 전기 절약과 지구 온난화는 큰 관계가 없다. ☐

④ 전기 기구를 사용하지 않을 때 플러그를 뽑아 두면 전기를 절약할 수 있다. ☐

16 전기가 위험해요?

● 전기를 안전하게 사용하기 위해서는?

- 젖은 손으로 플러그를 절대 만지지 않는다.
- 콘센트나 멀티탭에 한꺼번에 여러 개의 플러그를 꽂지 않는다.
- 코드를 뽑을 때 선을 당기지 않고 플러그를 손으로 잡는다.
- 사용하지 않는 전기 기구의 스위치를 끈다.
- 물이 집안으로 들어오게 되는 위험한 경우에는 누전 차단기를 내린다.

● 누전 차단기란?

전기가 전선 밖으로 새어 흐를 때 스위치를 열어 전기가 흐르는 것을 끊어 주는 장치이다. 전기 화재가 발생하는 것을 막을 수 있다.

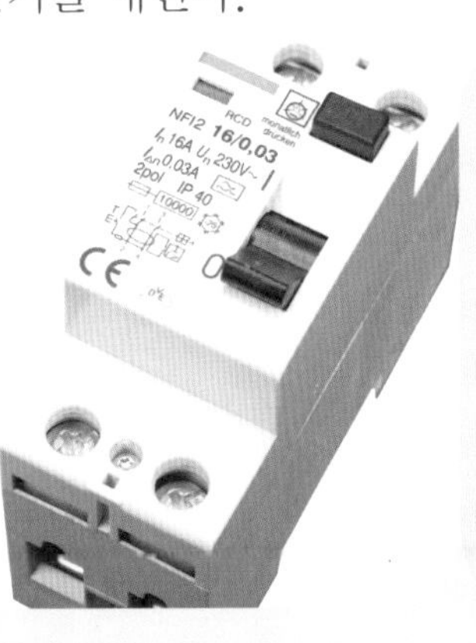

Speed OX

⑤ 플러그를 뽑을 때 선을 잡아당기면 안전하다. ☐

⑥ 멀티탭에 한꺼번에 여러 개의 플러그를 꽂지 않는다. ☐

비주얼 씽킹

17

참쌤 동영상

생활에서 어떤 힘을 사용할까?

고무줄을 양쪽에서 힘껏 잡아당겼을 때 다시 원래대로 줄어들려고 하는 힘을 느껴 봤지? 반대로 용수철을 꾹 눌러 줄어들게 하면 다시 원래대로 늘어나려 하고 말이야. 이렇게 늘어나거나 줄어든 물체가 원래대로 돌아가려고 하는 힘을 탄성력이라고 해. 우리는 탄성력을 생활 속에서 다양하게 이용하고 있단다.

같은 물체를 모래 운동장에서 끌어당길 때와 얼음이 꽁꽁 얼어 있는 바닥 위에서 끌어당길 때 필요한 힘이 다른 이유는 무엇일까? 바로 마찰력이라는 힘 때문이란다. 마찰력은 두 물체가 서로 닿은 채로 움직일 때 움직이지 못하게 하는 힘이야. 모래가 가득한 운동장 바닥은 마찰력이 크기 때문에 물체를 끌기 힘들고, 얼음이 얼어 있는 바닥은 마찰력이 작기 때문에 적은 힘으로도 물체를 쉽게 끌 수 있어. 마찰력은 물체의 무게가 무거울수록, 서로 닿는 부분이 거칠수록 커진단다.

그림이 나타내는 용어를 따라 쓰면서 의미를 이해해 봐요.

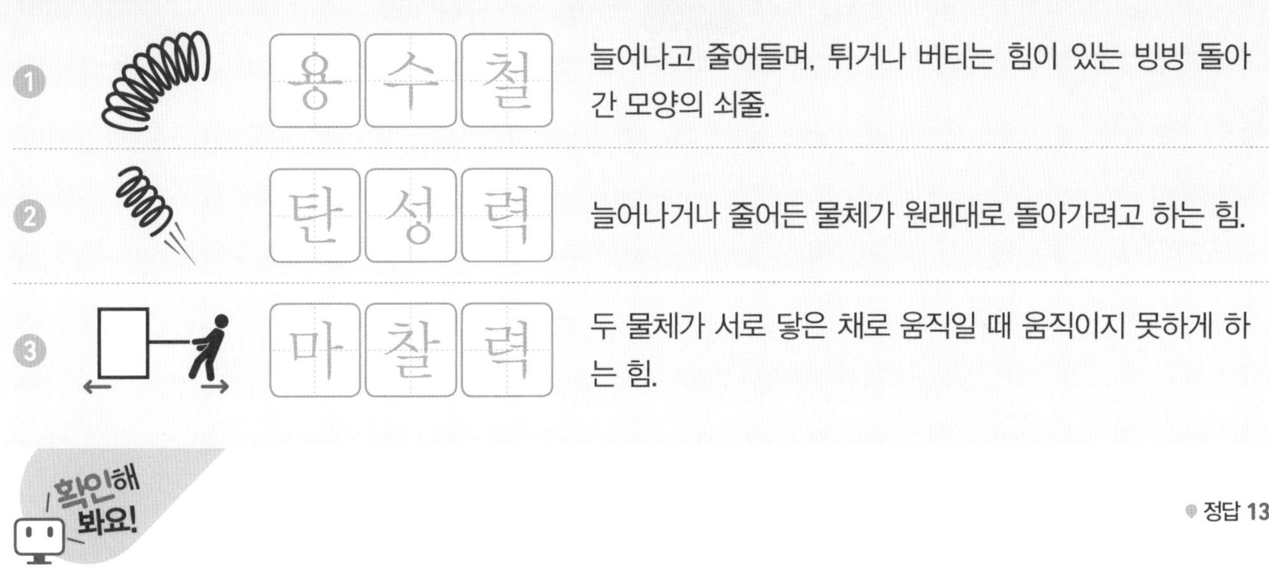

1. 용수철 — 늘어나고 줄어들며, 튀거나 버티는 힘이 있는 빙빙 돌아 간 모양의 쇠줄.
2. 탄성력 — 늘어나거나 줄어든 물체가 원래대로 돌아가려고 하는 힘.
3. 마찰력 — 두 물체가 서로 닿은 채로 움직일 때 움직이지 못하게 하는 힘.

확인해 봐요!

정답 131쪽

1 탄성력을 가진 물체로 알맞은 것을 한 가지 골라 ○표 하세요.

2 같은 장소에 있는 사람과 동물들의 몸무게를 보고, 그 사람과 동물들을 내 쪽으로 당길 때 마찰력이 크게 느껴지는 것부터 순서대로 숫자를 쓰세요.

우리는 왜 땅에 붙어있을까?

점프하면 하늘 위로 한 번에 쓩~ 날아갈 수 있다면 얼마나 재미있을까? 하지만 우리는 뛰어오르면 금방 다시 땅으로 떨어져. 우리가 땅에 붙어있는 것은 지구가 물체를 지구의 중심 방향으로 끌어당기는 힘인 중력 때문이야. 중력 덕분에 지구 반대편에 있는 사람들도 우주로 떨어지지 않는단다. 지구가 끌어당기기 때문에 우주선을 타고 중력의 반대 방향인 우주로 나갈 때는 큰 힘이 필요해.

지구가 물체를 끌어당기는 중력이 사라지면 어떻게 될까? 우주로 나가 지구의 중력을 거의 느끼지 못하게 되는 때를 무중력 상태라고 해. 우주선이 연료를 넣거나 천문대, 연구실 등으로 활용할 수도 있는 우주 정거장에서 무중력 상태를 느껴볼 수 있단다. 무중력 상태인 우주선 안의 우주인은 몸이 뜨기 때문에 화장실에서 일을 볼 때나 잠을 잘 때는 몸을 고정해야 한대.

그림이 나타내는 용어를 따라 쓰면서 의미를 이해해 봐요.

❶ 중력 지구 위의 모든 물체에 작용하는 힘으로, 지구의 중심으로 잡아당기는 힘.

❷ 우주 태양, 지구, 별, 인공위성 등의 모든 물체를 포함하는 매우 넓은 공간.

❸ 무중력 지구가 물체를 지구의 중심으로 끌어당기는 힘인 중력이 없는 것.

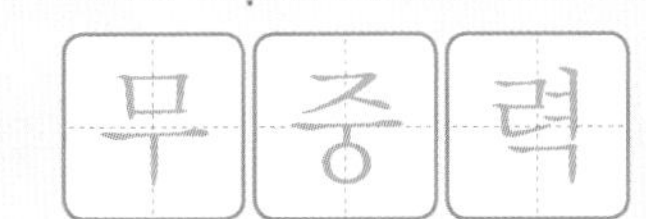

정답 132쪽

1 사과나무에서 사과가 떨어지는 것을 보고 과학자가 어떤 힘을 알아냈어요. 과학자가 알아낸 힘이 무엇인지 쓰세요.

2 우주에서 일어날 수 있는 일에 대해 이야기하고 있어요. 민지가 말한 것 중 잘못된 부분에 밑줄을 그으세요.

양쪽의 힘이 같아요!

친구와 팔씨름을 해 본 적 있니? 친구가 나보다 힘이 세면 내 팔이 금방 넘어가기도 하고, 비슷하면 승부를 가리기 힘들지.

운동회에서 하는 줄다리기도 마찬가지야. 어떤 경우에는 우리 편이 상대 편을 쉽게 이기는 경우도 있지만, 승부가 나지 않을 정도로 힘의 차이가 거의 없어서 막상막하일 때도 있어. 이 막상막하의 경우를 힘의 평형 관계라고 해.

그렇다면 힘의 평형은 언제 생길까? 줄다리기나 팔씨름을 할 때 팽팽해서 승부가 끝나지 않는 경우를 생각해 보면 두 가지의 공통점을 찾을 수 있어. 첫 번째는 상대방끼리 서로 반대 방향으로 힘을 준다는 것이고, 두 번째는 이 반대 방향의 두 힘의 크기가 비슷하다는 거야.

나뭇가지에 매달려 있는 사과가 아무런 움직임이 없다고 생각해 보자. 이 상황은 지구가 사과를 끌어당기는 중력과 나뭇가지가 당기는 힘이 서로 반대 방향으로 작용하고, 힘의 크기가 같으므로 이것도 힘의 평형 관계라고 볼 수 있단다.

그림이 나타내는 용어를 따라 쓰면서 의미를 이해해 봐요.

① 힘 — 동물, 사람, 기계 등이 자기 또는 사물을 움직이게 하는 능력.

② 승부 — 운동 경기, 싸움, 내기, 일 등에서 이기는 것과 지는 것.

③ 평형 — 사물이 어느 한쪽으로 치우치지 않은 올바른 상태.

확인해 봐요!

정답 132쪽

1 힘의 평형에 대해 옳게 말한 친구의 이름에 ○표 하세요.

2 네 명의 친구들이 운동회에서 줄다리기를 하고 있어요. 줄이 어느 한쪽으로도 끌려가지 않을 때 친구들의 힘의 방향과 크기에 알맞게 화살표로 나타내세요.

무게를 비교할 수 있을까?

어느 물건이 더 무거운지 어떻게 알 수 있을까? 크기가 크면 크기가 작은 물건보다 무거울까? 가장 간단한 첫 번째 방법은 두 손으로 각각 들어 보면서 비교해 보는 거야. 이 방법은 두 물건의 무게 차이가 많이 나면 쉽게 비교할 수 있지만, 무게 차이가 많이 나지 않으면 정확하지 않아.

두 번째는 시소와 비슷한 수평 잡기의 원리를 이용한 양팔저울이나 윗접시저울을 사용하는 거야. 친구와 내가 시소를 타면 더 무거운 쪽이 아래로 내려가는 것처럼 이 저울들도 비슷한 방법으로 무게를 비교한단다.

양팔저울과 윗접시저울의 한쪽 접시에 물체를 올려놓고, 다른 쪽 접시에는 추를 올린 후 저울이 수평이 되었을 때 올려놓은 추의 무게를 더하여 물체의 무게를 정확하게 잴 수도 있어.

마지막으로 용수철저울을 사용할 수 있어. 용수철을 세게 잡아당겼다가 놓으면 용수철이 원래의 모양으로 되돌아가려는 힘인 탄성력을 이용하여 만든 용수철저울로 물체의 무게를 잴 수 있단다.

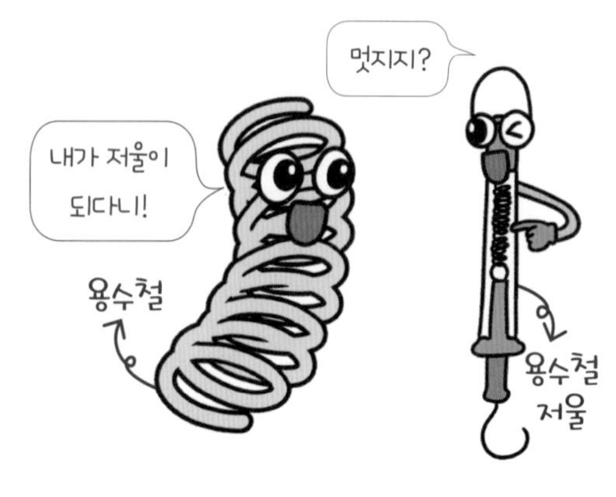

그림이 나타내는 용어를 따라 쓰면서 의미를 이해해 봐요.

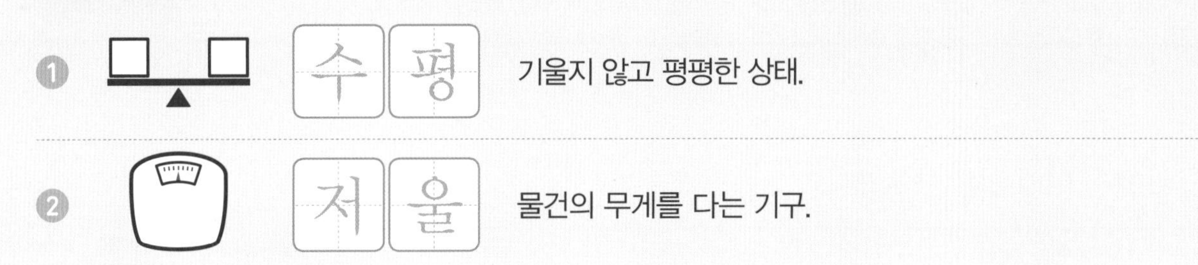

① 수평 — 기울지 않고 평평한 상태.

② 저울 — 물건의 무게를 다는 기구.

③  
추 — 저울에서 눈금이 그려진 막대에 매어 다는, 무게가 일정한 쇳덩이.

정답 132쪽

1 다음은 물체의 무게를 잴 수 있는 다양한 저울이에요. 각 저울의 이름을 쓰세요.

2 종류가 다른 두 대의 카메라를 양손으로 각각 들어보면서 무게를 비교하기가 어려워요. 두 카메라의 무게를 비교할 수 있는 방법을 배운 저울을 이용하여 그림으로 그리세요.

비주얼 개념 정리

Speed O× 정답 132쪽

17 생활에서 어떤 힘을 사용할까?

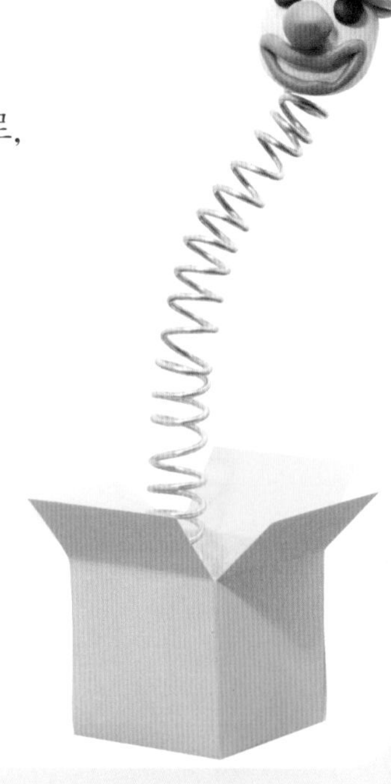

◆ **탄성력이란?**

• 물체가 변형되었을 때 원래 상태로 돌아가려는 힘으로, 용수철이나 고무줄 등에서 나타난다.

• 탄성력을 잃어버릴 만큼 물체가 변형되면 원래대로 돌아가지 않는다.

◆ **마찰력이란?**

물체가 움직일 때 다른 물체와 닿는 면에서 운동 방향에 반대 방향으로 작용하는 힘이다. 닿는 부분이 거칠거칠할수록, 물체가 무거울수록 마찰력은 커진다.

Speed O×

❶ 탄성력은 원래 상태로 돌아가지 않으려는 힘이다. ☐

❷ 마찰력은 모든 물체에서 항상 같다. ☐

18 우리는 왜 땅에 붙어있을까?

◆ **중력이란?**

• 지구가 지구의 중심 방향으로 물체를 끌어당기는 힘이다. 지구의 중력 때문에 우리가 땅에 발을 대고 서 있을 수 있다.

• 지구가 물체를 지구 중심 쪽으로 끌어당기기 때문에 물체를 들고 있을 때 '무겁다.' 또는 '가볍다.'라고 느낀다.

◆ **무중력 상태란?**

중력이 없거나 중력이 약해 없는 것처럼 보이는 상태이다. 무중력 상태에서는 물체를 아래로 당기는 힘이 없기 때문에 물체를 공중에 놓으면 그대로 떠 있게 되고, 컵에 든 음료는 빨대를 이용해야 마실 수 있다. 물을 무중력 공간에 뿌리면 둥근 공 모양으로 둥둥 떠 있다.

Speed O×

❸ 지구는 우리를 끌어당기고 있다. ☐

❹ 우주 정거장에서 잠을 자려면 무중력 상태이므로 몸을 고정시켜야 한다. ☐

19 양쪽의 힘이 같아요!

● 힘의 평형이란?

같은 크기의 힘이 서로 반대 방향으로 작용하면 힘의 평형 상태가 된다.

● 힘의 평형을 볼 수 있는 경우는?

- 나무에 매달린 과일을 지구가 끌어당기는 중력과 나뭇가지가 당기는 힘이 같을 때
- 두 사람이 팔씨름을 할 때 팔이 어느 한쪽으로 치우치지 않고 중간에서 움직이지 않을 때
- 줄다리기에서 두 편이 반대 방향으로 줄을 당기지만 줄의 중심이 이동하지 않을 때

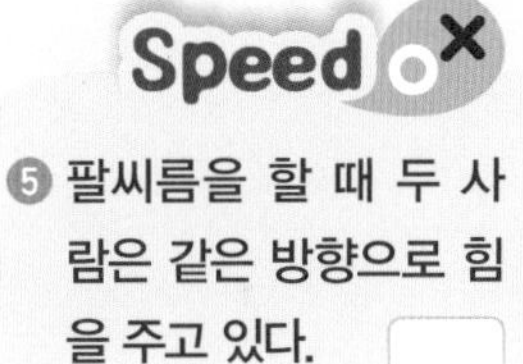

❺ 팔씨름을 할 때 두 사람은 같은 방향으로 힘을 주고 있다. ☐

❻ 힘의 평형 상태가 되면 가만히 있는 것처럼 보인다. ☐

20 무게를 비교할 수 있을까?

● 무게를 비교하는 방법

- 한 손에 각각의 물체를 들고 무게를 비교한다.
- 수평 잡기의 원리를 이용하는 양팔저울, 윗접시저울로 물체의 무게를 측정한다.
- 주방에서 가정용 저울에 음식의 재료를 올려 무게를 측정한다.
- 용수철이 늘어나거나 줄어들 때의 탄성력을 이용한 용수철저울로 물체의 무게를 측정한다.

양팔저울

가정용 저울

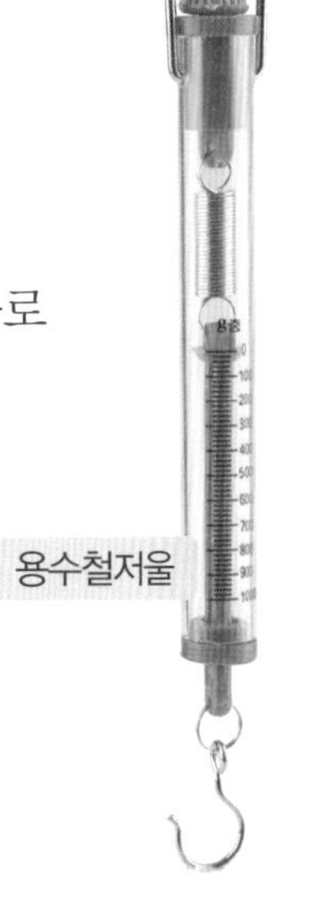
용수철저울

Speed OX

❼ 양팔저울과 윗접시저울은 용수철의 원리를 이용한다. ☐

❽ 용수철저울은 탄성력을 이용한 저울이다. ☐

과학 탐구 퀴즈

1 **OX 퀴즈를 풀면서 옳은 문장의 번호가 쓰여진 장난감 인형의 각 부분을 색칠해 주세요. OX 퀴즈를 다 풀었을 때 장난감 인형의 색깔이 모두 칠해진 것에 ○표 하세요.**

▶ **OX 퀴즈**

❶ 천둥소리가 먼저 들리고, 번개가 쳐요.

❷ 거울은 얼굴을 볼 때만 사용해요.

❸ 빛을 이용하여 색깔있는 그림자를 만들 수 있어요.

❹ 스웨터를 입을 때 찌릿한 느낌은 정전기 때문이에요.

❺ 전기를 절약하면 지구 환경을 지키는 데 도움이 돼요.

❻ 멀티탭에 여러 개의 플러그를 한꺼번에 꽂아 사용해야 안전해요.

❼ 탄성력이라는 힘 때문에 트램펄린을 탈 수 있어요.

❽ 지구가 우리를 밀어 내는 힘 때문에 우리가 땅에 서 있을 수 있어요.

❾ 줄다리기할 때 줄이 움직이지 않는 것은 양쪽으로 당기는 힘이 같아서예요.

❿ 저울이 없으면 두 가지 물체의 무게를 비교할 수 없어요.

● 정답 132쪽

2 준영이가 배와 사과의 무게를 비교하려고 해요. 무게를 비교할 수 있는 각각의 방법과 관련 있는 것끼리 미로를 따라가 보세요. **1**은 빨간색, **2**는 초록색, **3**은 파란색으로 표시하세요.

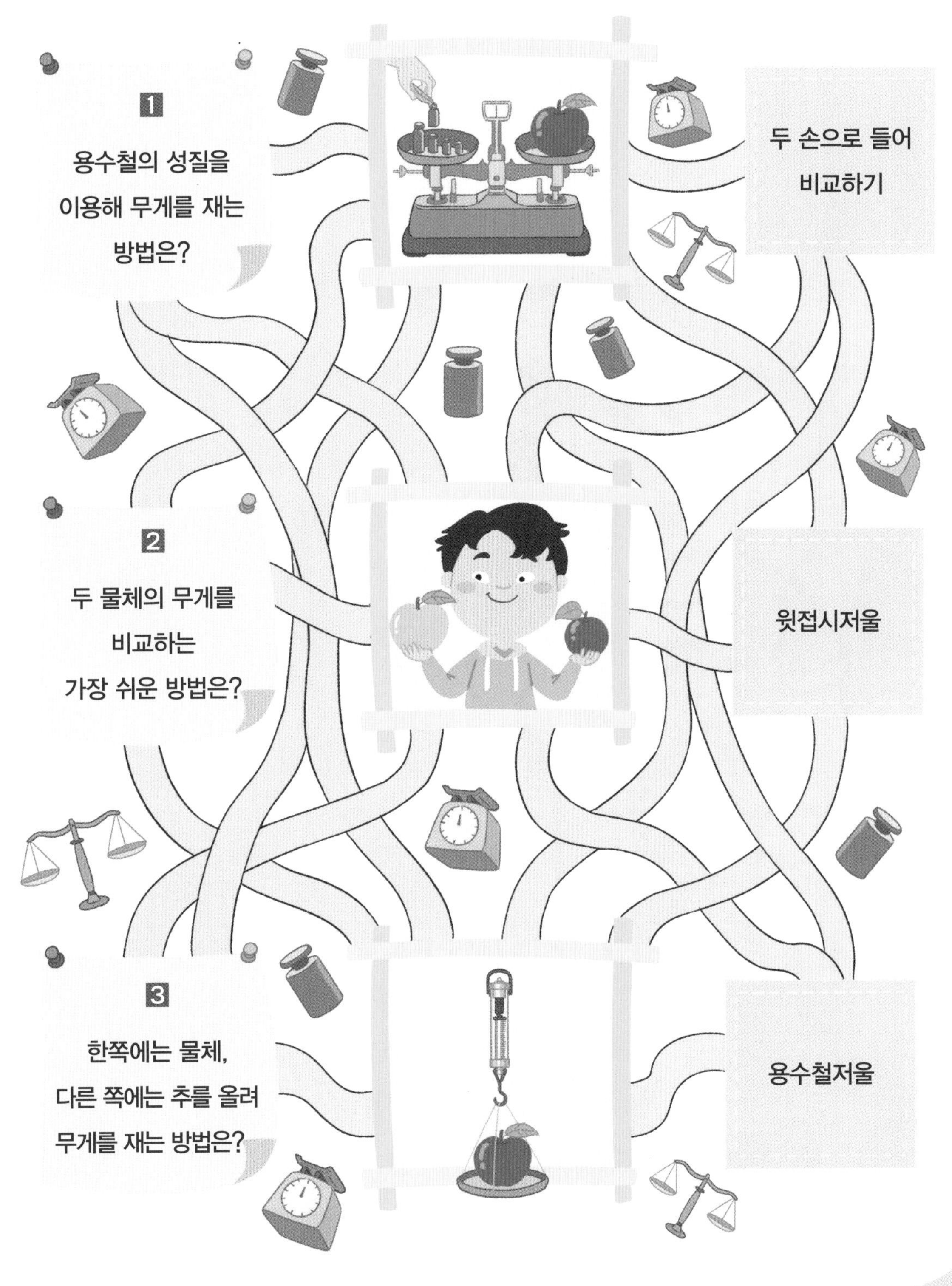

동물과 식물

곤충에 대해 알고 싶어!

개미, 나비, 거미, 잠자리 중에서 곤충이 아닌 것은 무엇일까?

곤충은 몸을 머리, 가슴, 배의 세 부분으로 나눌 수 있고 다리가 6개라는 특징이 있단다. 개미, 나비, 잠자리와 달리 거미의 몸은 머리와 가슴이 붙은 부분과 배 이렇게 두 부분으로 나누어지고 다리가 8개이기 때문에 곤충이 아니야.

그렇다면 곤충은 어떤 과정을 거쳐서 자라는 것일까? 보통 곤충은 알에서 태어나 애벌레로 자라고, 먹이를 먹으며 무럭무럭 자란 애벌레는 한동안 아무것도 먹지 않고 고치 같은 것의 속에 가만히 있는 번데기가 된단다. 번데기 상태로 지내는 동안 몸이 점점 어른벌레의 모습으로 변하지.

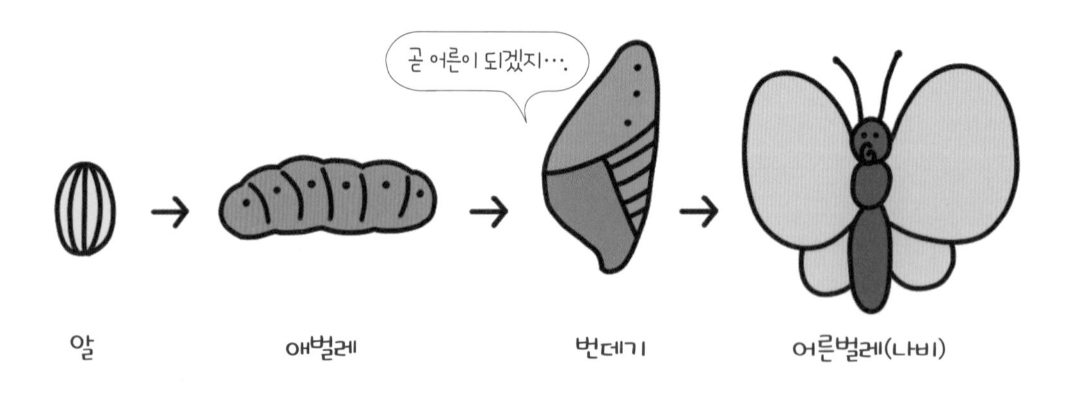

하지만 번데기의 과정을 거치지 않는 곤충도 있는데, 애벌레로 지내면서 점점 자라나 다 큰 어른벌레가 되는 거야.

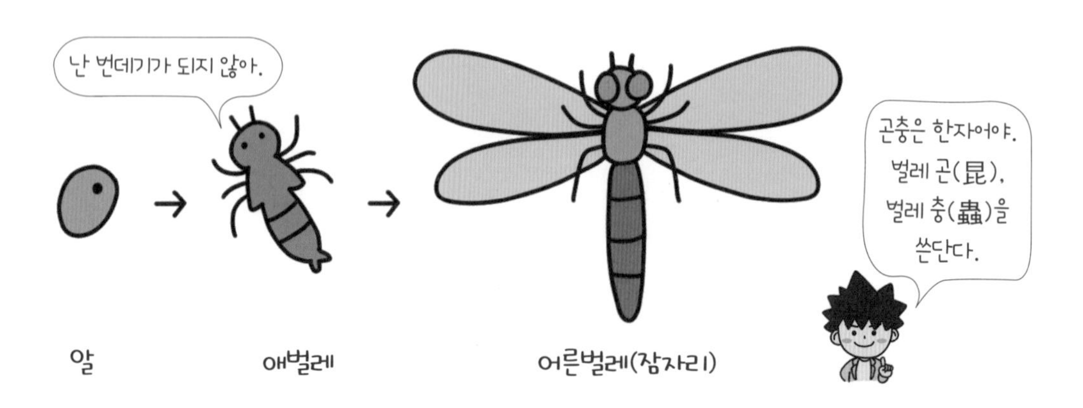

그림이 나타내는 용어를 따라 쓰면서 의미를 이해해 봐요.

① 곤충 — 몸을 머리, 가슴, 배의 세 부분으로 나눌 수 있고, 6개의 다리가 있는 동물.

② 애벌레 — 알에서 나온 후 아직 다 자라지 않은 벌레.

③ 번데기 — 곤충의 애벌레가 어른벌레로 되는 과정 중에 한동안 아무것도 먹지 않고 고치 같은 것의 속에 가만히 들어 있는 몸.

정답 133쪽

1 벌의 모습을 잘 보고, 각 부분의 이름에 알맞게 선으로 이으세요.

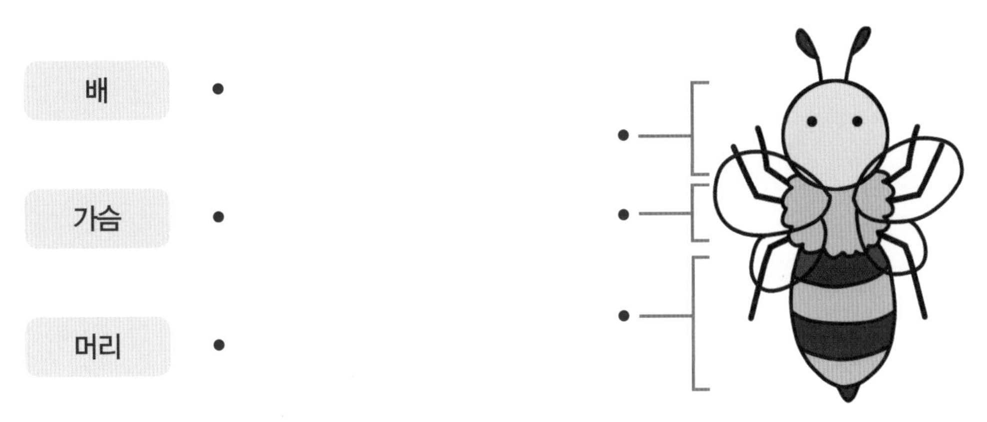

2 곤충이 자라는 과정으로 빈칸에 들어갈 알맞은 그림을 그리고, 어떤 상태인지 쓰세요.

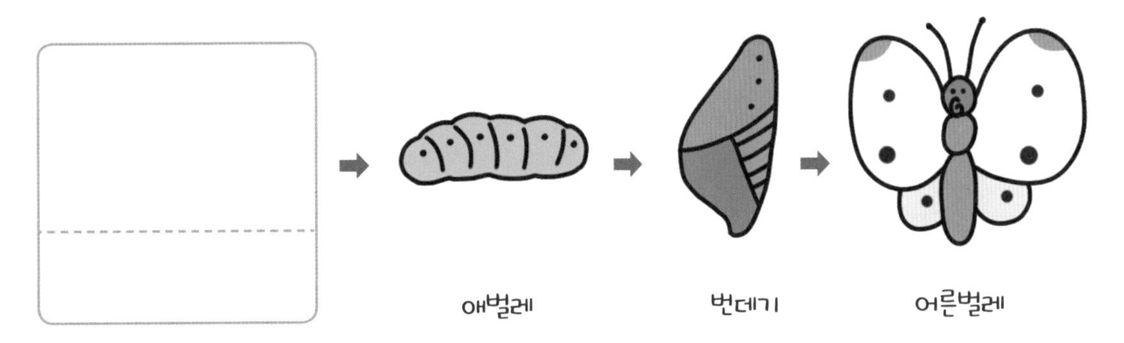

곤충은 어떻게 겨울을 보낼까?

꿀벌들은 개미와 베짱이 이야기 속의 개미처럼 여름에 부지런히 꿀을 모아 안전한 벌집 속에서 겨울을 버텨낸단다.

따로 집이 없는 곤충들은 몸속에 지방을 늘리고 바위 밑이나 낙엽 밑, 나무껍질 속, 땅속 등에서 몸을 보호하면서 움직임을 줄인 채 겨울을 보내지.

앞에서 곤충이 자라는 과정에 대해서 공부했지? 곤충 중에는 알 상태로 겨울을 보내는 곤충도 있어. 사마귀의 알은 폭신하고 따뜻한 알집에 싸여 겨울의 추위를 피한단다. 사슴벌레는 애벌레 상태로 나무껍질 속에서 겨울을 나지. 호랑나비는 번데기 형태가 되어 봄이 되기를 기다린단다. 무당벌레는 어른벌레의 모습으로 겨울을 나는데, 무당벌레 수십 마리가 한데 모여서 추위를 이겨 낸다고 해. 곤충들은 이렇게 다양한 방법으로 겨울을 보내고 있어.

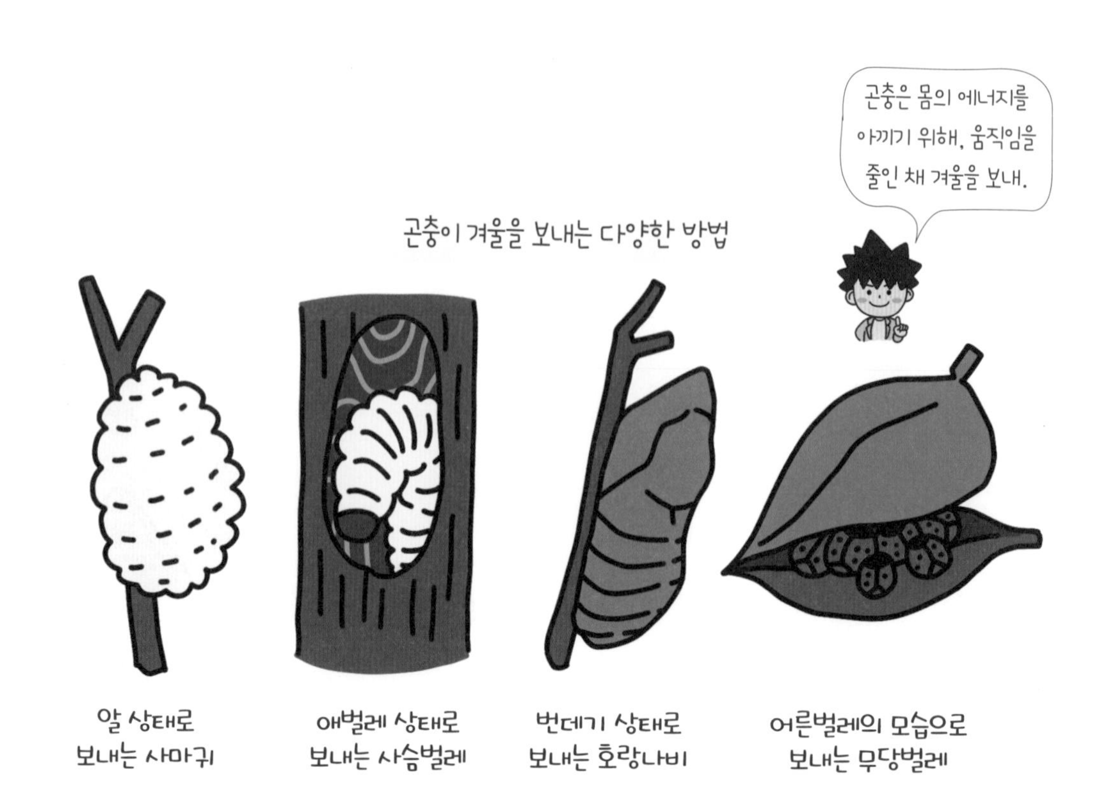

그림이 나타내는 용어를 따라 쓰면서 의미를 이해해 봐요.

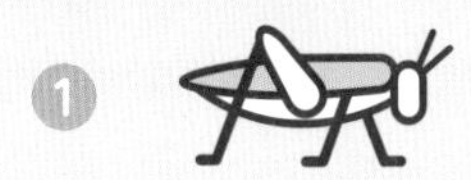

1. 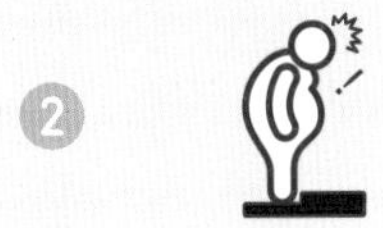 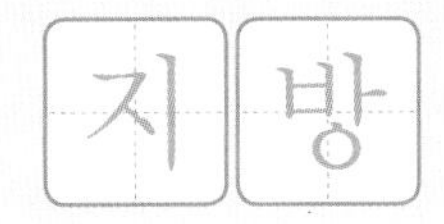 베짱이 — 머리는 삼각형이고 빛깔은 누런 갈색인 곤충으로, 메뚜기나 여치와 비슷하게 생김.

2.  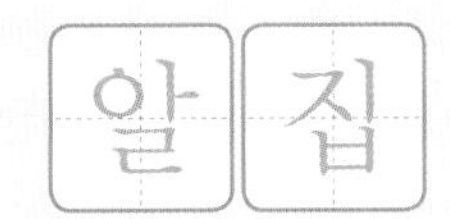 지방 — 몸이 에너지를 내고 열을 낼 수 있도록 돕는 영양소. 몸무게가 늘어나는 원인이 되기도 함.

3.  알집 — 사마귀 등의 곤충이 자신의 알을 보호하기 위해 알을 폭신하게 감싼 집처럼 꾸민 것.

확인해 봐요!

정답 133쪽

1 다음 그림에서 곤충이 겨울을 보내기 알맞은 곳에 모두 ○표 하세요.

2 사마귀의 고민을 해결하기 위해 빈칸에 들어갈 알맞은 말을 써 보세요.

금붕어는 이렇게 생겼어!

알록달록 예쁜 색깔, 우리 주변에서 쉽게 볼 수 있는 물고기인 금붕어의 생김새를 알아보자. 금붕어는 연못이나 하천에서 사는 민물고기야. 몸은 부드러운 곡선 형태이고 색깔은 보통 붉거나 흰색 또는 검은색을 띠는 것도 있어. 금붕어는 대부분의 물고기와 같이 '아가미'를 통해 숨을 쉬고, 이를 통해 물속에 녹아 있던 산소를 얻지.

금붕어의 몸속에는 '부레'라고 하는 공기 주머니가 있어. 금붕어는 부레에 공기를 채워 물 위로 뜨거나 부레에서 공기를 내보내어 물속으로 가라앉을 수 있단다.

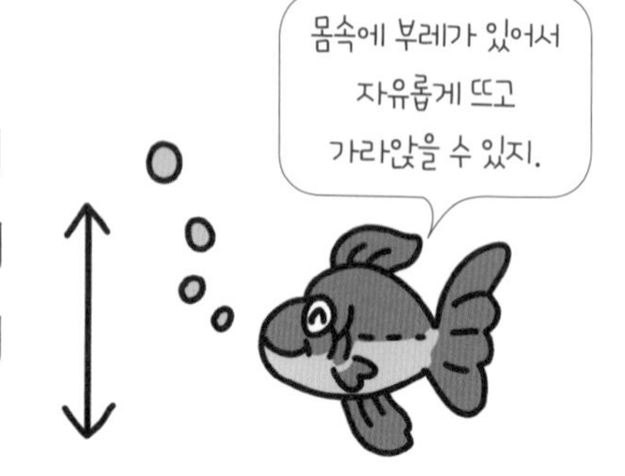

금붕어는 꼬리, 등, 가슴, 배 등 몸의 여러 부분에 달려 있는 '지느러미'로 헤엄을 쳐. 금붕어의 몸은 비늘로 덮여 있고 비늘은 피부를 보호하는 역할을 해. 몸의 옆에는 '옆줄'이라고 하는 점선 모양의 부분이 있는데, 금붕어는 옆줄을 통해 물의 흐름이나 다른 동물의 움직임을 느낄 수 있어.

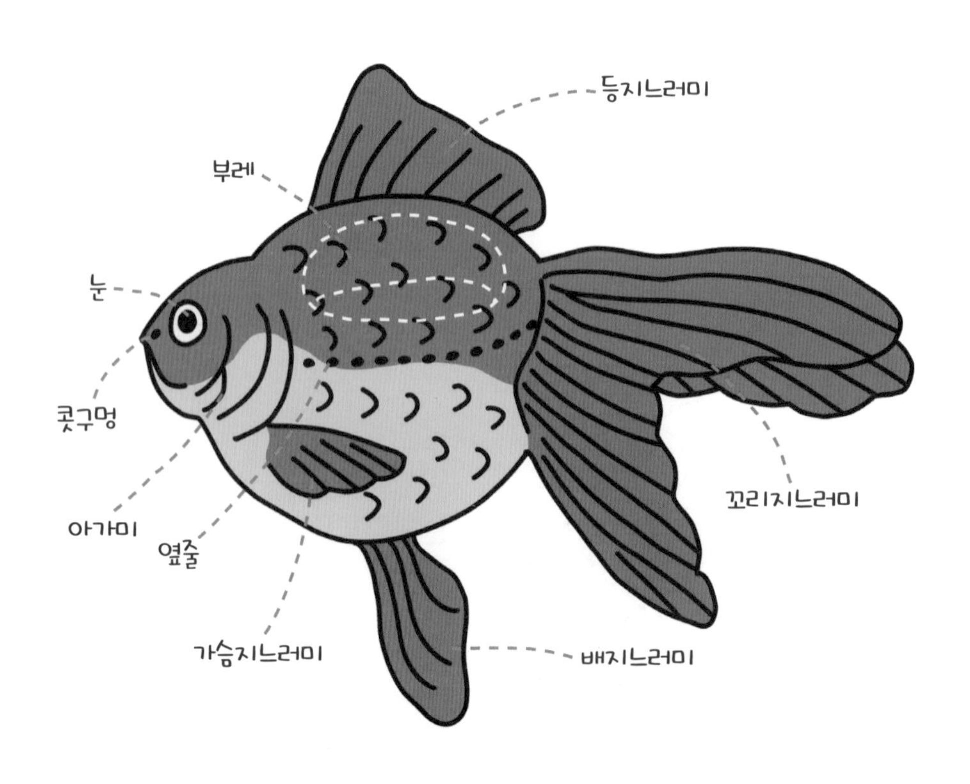

그림이 나타내는 용어를 따라 쓰면서 의미를 이해해 봐요.

① 아가미 — 물속에서 사는 동물, 특히 물고기에 발달해 있는 숨을 쉬는 데 필요한 부분.

② 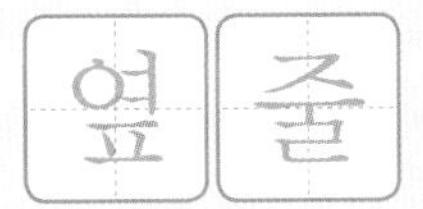 부레 — 물고기의 몸속에 있는 공기 주머니로, 주로 물에 뜨고 가라앉는 것을 조절하는 부분.

③ 옆줄 — 물고기의 몸 양쪽 옆에 한 줄로 나 있는 줄로, 물의 흐름이나 압력 등을 느끼게 하는 부분.

정답 133쪽

1 금붕어의 이야기를 보고, 금붕어의 생김새 중에서 빠져 있는 부분을 그려 넣으세요.

숨을 쉬기가 힘들고,
등과 배가 허전해서
헤엄치기가 어려워.
또, 물의 흐름과 다른 동물의
움직임도 느낄 수 없어.

2 엄마 금붕어와 아기 금붕어의 대화를 보고, 빈칸에 공통으로 들어갈 알맞은 말을 써 넣으세요.

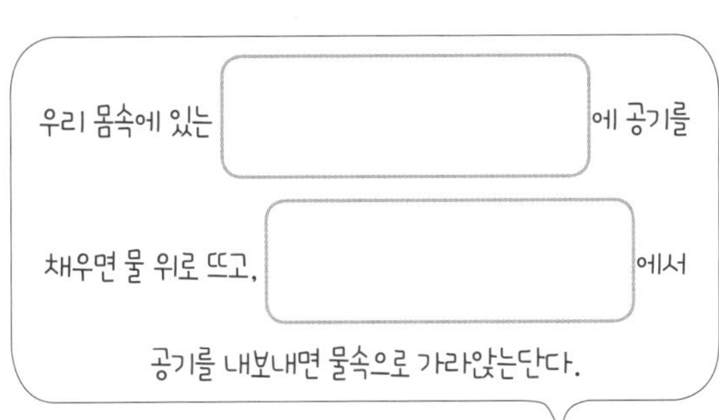

동물이 몸을 보호하는 방법은?

야생에서 살아가는 동물들은 어떻게 몸을 보호할까? 날카로운 이빨이나 발톱, 몸에 난 가시와 같이 다른 동물을 공격할 수 있는 무기를 가진 동물도 있지만, 자신의 모양이나 색깔을 주변의 물체나 다른 생물과 비슷하게 바꾸어 스스로를 보호하는 동물도 있어. 이러한 방법을 '의태'라고 해. 의태로 몸을 보호하는 동물들을 알아보자.

첫 번째, 적의 눈에 띄지 않기 위해 자신의 모습을 주변과 비슷하게 바꾸는 동물이 있어. 자신을 둘러싼 환경에 따라 몸의 색깔을 자유롭게 바꾸는 카멜레온이 대표적이지.

두 번째, 자신의 모양을 자신보다 강한 생물과 비슷하게 바꾸어 적을 속이는 동물이 있어. 꽃등에는 벌침이 있는 벌과 비슷한 생김새로 적이 쉽게 공격하지 못하게 하지. 또 주홍박각시의 애벌레는 뱀과 비슷한 모양으로 자신을 보호해.

세 번째, 독을 가진 곤충들끼리 비슷한 모양을 하여 적을 막는 동물이 있어. 열대 지방의 여러 독나비들은 날개나 몸이 빨간색, 노란색, 흰 점 얼룩 등으로 거의 비슷한 모양을 하고 있기 때문에 나비를 잡아먹는 새에게 보다 효과적으로 경고를 할 수 있단다.

그림이 나타내는 용어를 따라 쓰면서 의미를 이해해 봐요.

1. 의태 — 동물이 자신의 모양이나 색깔을 주변의 물체나 다른 생물과 비슷하게 바꾸어 스스로를 보호하는 방법.
2. 독 — 생물의 건강이나 생명에 해로운 것.
3. 경고 — 상대가 조심하거나 어떤 행동을 하지 못하도록 하기 위하여 미리 주의를 주는 것.

정답 133쪽

1 메뚜기는 의태를 하는 곤충이에요. 아래의 메뚜기가 적에게 몸을 숨길 수 있도록 색연필을 이용하여 주변의 돌과 비슷하게 색칠해 보세요.

2 대벌레는 나뭇가지처럼 자신의 모양과 색깔을 비슷하게 바꾸는 의태를 해요. 아래 빈칸에 여러분의 상상 속 의태 동물을 자유롭게 그려 보세요.

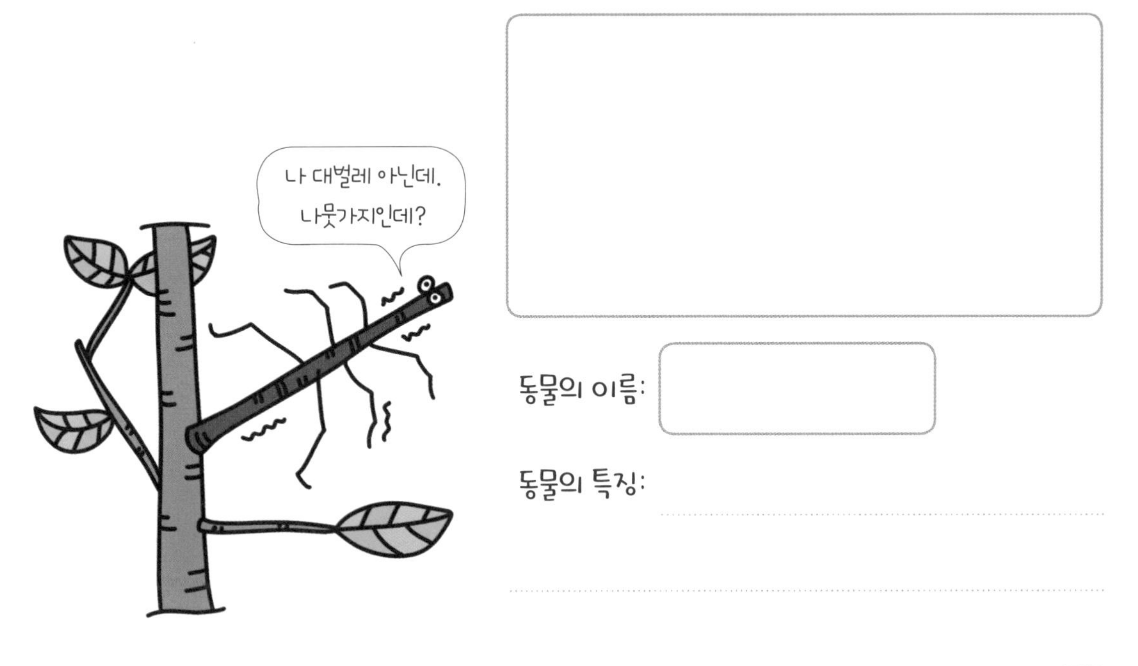

비주얼 개념 정리

Speed ○× 정답 133쪽

21 곤충에 대해 알고 싶어!

● **곤충의 생김새는?**

머리, 가슴, 배의 세 부분으로 나눌 수 있고 다리가 6개이다.

● **곤충이 자라는 과정은?**

- 보통의 곤충은 알 → 애벌레 → 번데기 → 어른벌레의 순서로 자란다.
  ➡ 나비, 장수풍뎅이, 사슴벌레, 하늘소, 무당벌레 등
- 번데기의 과정을 거치지 않는 곤충도 있으며, 이러한 곤충은 알 → 애벌레 → 어른벌레의 순서로 자란다.
  ➡ 사마귀, 잠자리, 매미, 메뚜기 등

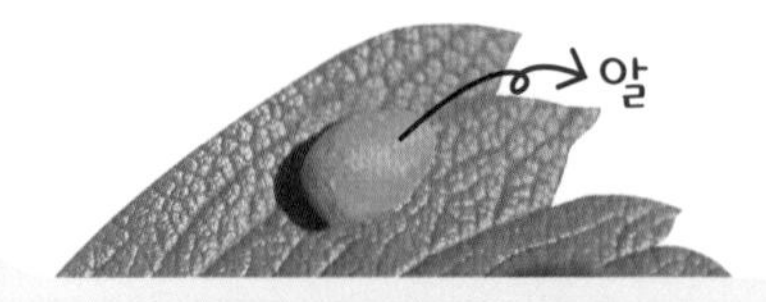

Speed ○×

❶ 몸이 머리, 배의 두 부분으로 이루어진 거미는 곤충이다. ☐

❷ 모든 곤충이 알 → 애벌레 → 번데기 → 어른벌레의 순서로 자라는 것은 아니다. ☐

22 곤충은 어떻게 겨울을 보낼까?

● **알이나 애벌레, 번데기의 상태로 겨울을 보내는 곤충**

- 사마귀의 알은 알집에 싸여 겨울의 추위를 피한다.
- 사슴벌레는 애벌레 상태로 나무껍질 속에서 겨울을 난다.
- 호랑나비는 번데기 형태로 봄이 되기를 기다린다.

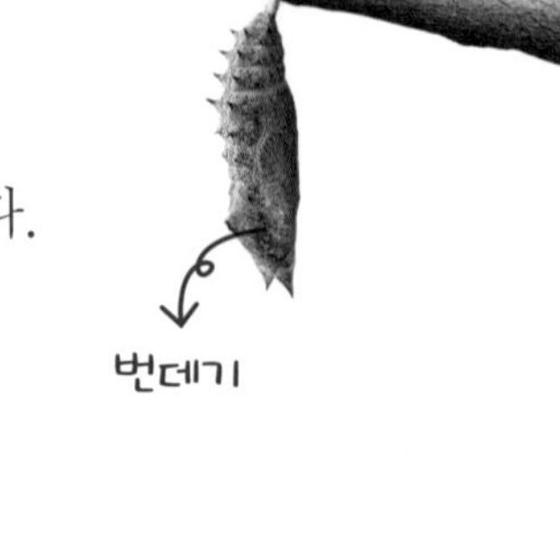

● **어른벌레의 모습으로 겨울을 보내는 곤충은?**

- 꿀벌은 벌집 속에서 겨울을 보낸다.
- 집이 없는 곤충들은 몸속에 지방을 늘리고 바위 밑, 낙엽 밑, 나무껍질 속, 땅속 등에서 겨울을 보낸다.
- 무당벌레는 수십 마리가 한데 모여서 겨울 추위를 이겨 낸다.

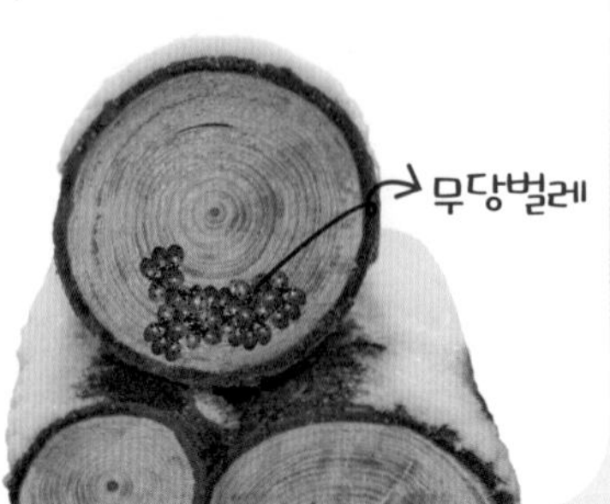

Speed ○×

❸ 사마귀의 알은 알집에 싸여 겨울의 추위를 피한다. ☐

❹ 곤충은 몸속에 지방을 늘리고 움직임을 줄인 채 겨울을 보낸다. ☐

23 금붕어는 이렇게 생겼어!

아가미
금붕어는 대부분의 물고기와 같이 아가미를 통해 숨을 쉬고, 이를 통해 물속에 녹아 있던 산소를 얻는다.

부레
부레는 금붕어의 몸속에 있는 공기주머니로, 부레에 공기를 채워 물 위로 뜨거나 부레에서 공기를 내보내어 물속으로 가라앉을 수 있다.

지느러미
꼬리, 등, 가슴, 배 등 몸의 여러 부분에 달려 있으며, 금붕어는 지느러미를 이용하여 헤엄을 친다.

옆줄
금붕어의 몸 옆에는 옆줄이라고 하는 점선 모양의 부분이 있는데, 이를 통해 물의 흐름이나 다른 동물의 움직임을 느낄 수 있다.

Speed OX

❺ 금붕어는 부레에 공기를 채워서 물 위로 떠오른다. ☐

❻ 금붕어는 옆줄을 이용하여 물속에서 숨을 쉴 수 있다. ☐

24 동물이 몸을 보호하는 방법은?

● **의태란?**
자신의 모양이나 색깔을 주변의 물체나 다른 생물과 비슷하게 바꾸어 스스로를 보호하는 것을 말한다.

● **의태로 몸을 보호하는 동물들**

박각시나방

- 카멜레온은 자신의 모습이나 색깔을 주변과 비슷하게 바꾼다.
- 주홍박각시 애벌레는 자신의 모양을 자신보다 강한 생물과 비슷하게 바꾸어 적을 속인다.
- 열대 지방의 여러 독나비는 독을 가진 곤충들끼리 비슷한 모양을 하여 적에게 경고를 한다.

카멜레온

❼ 의태란 자신의 모양이나 색깔을 바꾸어 스스로를 보호하는 것이다. ☐

❽ 카멜레온은 자신보다 강한 생물인 코끼리의 모양을 따라 하여 적을 속인다. ☐

비주얼 씽킹 25

참쌤 동영상

풀과 나무의 특징은?

지구에 사는 동물에게 식물은 먹이가 되기도 하고, 식물이 가득한 들이나 산은 동물이 살아가는 집이 되기도 해.

이렇게 들이나 산에서 사는 식물은 크게 풀과 나무로 구분할 수 있단다. 풀과 나무의 특징을 알아보자.

풀과 나무는 뿌리, 줄기, 잎으로 이루어져 있고 잎이 초록색이야. 또 대부분 땅에 뿌리를 내리고 물과 햇빛을 이용해서 살아간다는 공통점이 있어.

반면에 풀은 나무보다 키가 작고 줄기도 나무보다 가늘지. 그리고 보통 1년 정도 살 수 있어. 나무는 풀보다 키가 크고 줄기도 풀보다 굵어. 또한 여러 해를 살기 때문에 오랫동안 볼 수 있단다.

그림이 나타내는 용어를 따라 쓰면서 의미를 이해해 봐요.

1. 뿌 리 — 식물의 맨 아랫부분으로 보통 땅에 묻혀서 물과 영양분을 빨아올리는 일을 함.

2. 줄 기 — 아래로는 식물의 뿌리와 연결되고 위로는 잎과 연결되어, 뿌리에서 흡수한 물과 영양분을 식물 전체에 나르는 역할을 하는 부분.

3. 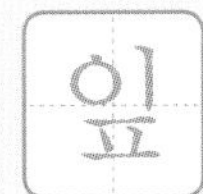

식물의 줄기 끝이나 둘레에 붙어서 영양분을 만들고 숨 쉬는 일을 하는 부분.

정답 133쪽

1 풀과 나무에 대하여 바르게 말한 친구의 이름을 쓰세요.

형일 : 풀은 모두 여러 해를 살아.

윤희 : 나무는 풀보다 키가 크고 줄기가 굵어.

지수 : 풀에는 뿌리가 있지만 나무에는 뿌리가 없어.

2 풀과 나무의 특징에 알맞은 줄기의 모양을 그려서 완성하세요.

나뭇잎의 색이 변했어!

여름 내내 들리던 매미 소리가 들리지 않고, 선선한 바람이 불어오기 시작하면 가을이 오는 것을 느낄 수 있어. 서늘해진 날씨에 긴팔 옷을 입을 때쯤에는 초록빛이던 산과 들이 점점 울긋불긋한 색으로 변하지. 봄과 여름 내내 초록색이던 나뭇잎의 색이 왜 변한 걸까?

가을이 되어 기온이 낮아지면 나무는 겨울을 나기 위한 준비를 해. 몸의 영양분을 아끼기 위해 잎에서는 더 이상 일을 하지 않지. 나뭇잎에는 다양한 색을 내는 색소가 들어 있는데, 일을 하지 않게 된 잎의 초록색 색소가 줄어들면서 노란색이나 빨간색을 내는 색소가 드러나게 돼. 이렇게 식물의 잎이 노란색, 빨간색, 갈색 등으로 변하는 현상을 '단풍'이라고 한단다.

그림이 나타내는 용어를 따라 쓰면서 의미를 이해해 봐요.

① 기온 — 땅으로부터 일정한 높이에서 잰 공기의 온도.

② 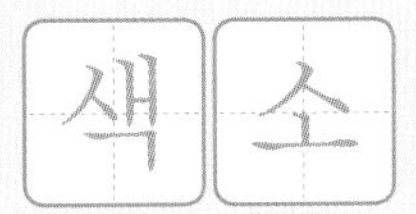

물체의 색깔이 나타나도록 하는 성분.

③ 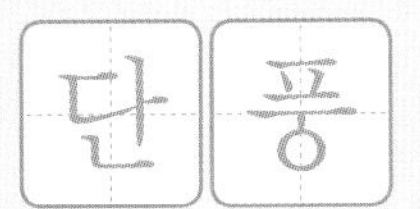

날씨의 변화로 식물의 잎이 노란색, 빨간색, 갈색 등으로 변하는 현상. 또는 그렇게 변한 잎.

정답 134쪽

1 단풍에 대하여 바르게 말한 동물 친구에게 ○표 하세요.

2 잎에 단풍이 들 때 어떻게 변하는지 색연필을 이용하여 나타내세요.

식물은 어떻게 겨울을 보낼까?

다양한 식물의 종류만큼 식물이 추운 겨울을 이겨 내는 모습도 여러 가지란다. 식물이 겨울을 보내는 방법을 알아보자.

눈이 오는 추운 겨울에도 초록빛을 잃지 않는 소나무와 같이 원래의 모습으로 겨울을 보내는 식물이 있어. 하지만 겨울에는 크게 성장하지 않아. 성장하는 데 영양분이 필요하기 때문이지.

반면에 은행나무나 단풍나무처럼 잎을 떨어뜨리고 앙상한 가지로 겨울을 보내는 식물도 있어.

민들레와 같은 식물은 잎이 땅에 납작하게 퍼진 모양으로 겨울을 보내. 낮은 잎은 차가운 바람을 피하기에 좋고 넓게 퍼진 모양은 햇빛을 더 받을 수 있게 하지.

또, 씨나 겨울눈의 형태로 겨울을 보내는 식물도 있어. 겨울눈의 모양은 나무마다 다른데, 부드러운 털로 여러 번 감싼 둥글둥글한 모양인가 하면 기름기를 바른 껍질로 둘러싸인 길쭉한 모양도 있지.

그림이 나타내는 용어를 따라 쓰면서 의미를 이해해 봐요.

1 소나무 — 우리나라 전국 곳곳에 자라는 1년 내내 잎이 초록색인 나무로, 잎이 2개씩 달리며 솔방울이라는 열매를 맺음.

2 앙상한 — 나뭇잎이 지고 가지만 남아서 쓸쓸한.

3 겨울눈 — 식물이 여름부터 가을에 걸쳐 겨울을 지내기 위해 만드는 부분.

확인해 봐요!

정답 134쪽

1 식물들이 겨울을 보내는 방법에 대한 이야기를 듣고, 바르게 말한 식물에 ○표 하세요.

2 다음은 식물이 겨울을 보내는 방법 중 어떤 것의 모습인지 쓰고, 모양에 대해 설명하세요.

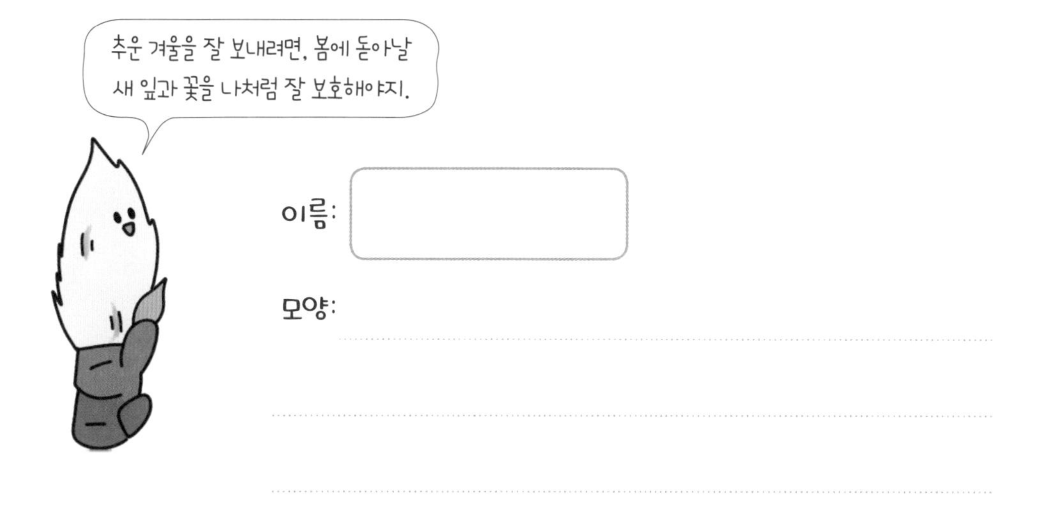

비주얼 개념 정리

Speed ○× 정답 134쪽

25 풀과 나무의 특징은?

● **풀과 나무의 공통점**

풀과 나무는 뿌리, 줄기, 잎으로 이루어져 있고 잎이 초록색이다. 대부분 땅에 뿌리를 내리고 물과 햇빛을 이용해서 살아간다.

● **풀의 특징은?**

풀은 대부분 나무보다 키가 작고 줄기도 나무보다 가늘다. 보통 1년 정도 살 수 있다.

● **나무의 특징은?**

- 나무는 대부분 풀보다 키가 크고 줄기도 풀보다 굵고 단단하다.
- 여러 해를 살기 때문에 오랫동안 볼 수 있다.

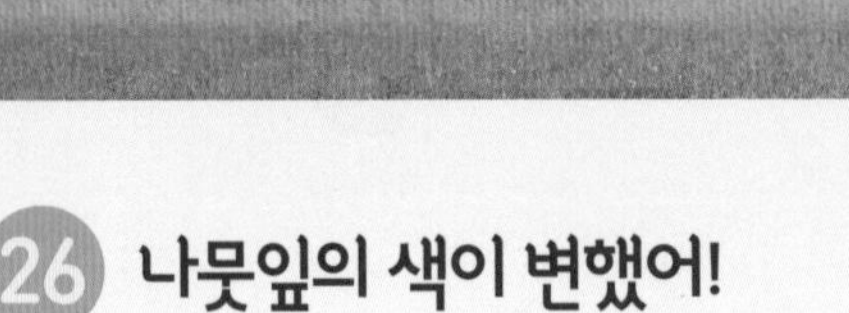

Speed ○×

❶ 풀은 햇빛이 필요하지만 나무에게는 햇빛이 필요하지 않다. ☐

❷ 나무의 줄기는 대부분 풀보다 굵고 단단한 편이다. ☐

26 나뭇잎의 색이 변했어!

● **단풍이란?**

기온이 낮아지면 영양분을 아끼기 위해 식물의 잎에서는 더 이상 일을 하지 않게 된다. ➡ 잎의 초록색 색소가 줄어들면서 노란색이나 빨간색을 내는 색소가 드러난다. ➡ 이런 과정으로 식물의 잎이 노란색, 빨간색, 갈색 등으로 변하는 현상을 단풍이라고 한다.

● **단풍의 색깔은?**

나무의 종류와 낮과 밤의 온도 차이에 따라서 달라진다.

● 단풍이 들지 않는 나무도 있을까?

- 모든 나무에 단풍이 드는 것은 아니다.
- 소나무, 전나무와 같은 나무들은 기온이 낮아지는 가을이 되어도 잎에 단풍이 들지 않으며, 특별한 이유가 없는 한 초록색을 띤다.
- 날씨와 계절에 관계없이 잎의 색이 항상 초록색인 나무를 '상록수'라고 한다.

전나무

Speed OX

❸ 단풍은 날이 점점 더워지는 계절에 나뭇잎의 색깔이 변하는 것이다. ☐

❹ 단풍의 색깔은 노란색, 빨간색, 갈색 등 나무의 종류에 따라 다양하다. ☐

27 식물은 어떻게 겨울을 보낼까?

● 식물이 겨울을 보내는 여러 가지 방법

- 원래의 모습으로 겨울을 보낸다. ➡ 소나무
- 잎을 떨어뜨리고 가지만 남아서 겨울을 보낸다. ➡ 은행나무, 단풍나무
- 잎이 땅에 납작하게 퍼진 모양으로 겨울을 보낸다. ➡ 민들레, 냉이
- 씨의 형태로 겨울을 보낸다. ➡ 나팔꽃, 채송화
- 겨울눈의 형태로 겨울을 보낸다. ➡ 목련, 감나무

소나무

단풍나무

민들레

목련

● 겨울눈이란?

- 식물이 여름부터 가을에 걸쳐 겨울을 지내기 위해 만드는 부분으로, 겨울눈의 모양은 나무마다 다르다.
- 부드러운 털로 여러 번 감싼 둥글둥글한 모양도 있고, 기름기를 바른 껍질로 둘러싸인 길쭉한 모양도 있다.

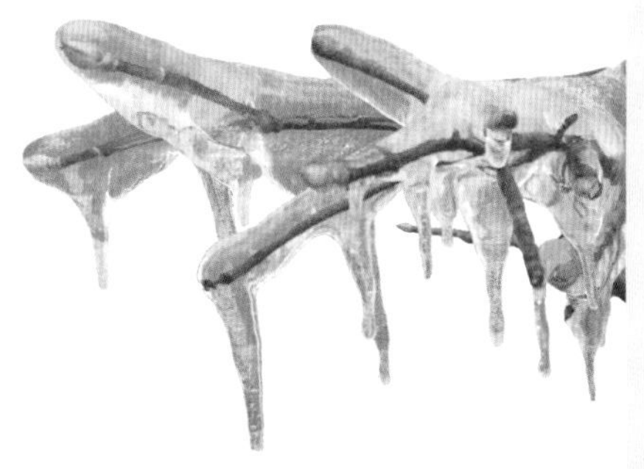

Speed OX

❺ 모든 식물은 겨울을 보내기 위해 잎을 떨어뜨리고 가지만 남긴다. ☐

❻ 목련이나 감나무는 겨울눈을 만들어 겨울을 보내는 식물이다. ☐

우리 몸은 쉬지 않고 일해!

우리 몸은 어떤 부분들로 이루어져 무슨 일을 할까? 겉으로 보이는 부분인 눈, 귀, 코, 혀, 피부는 우리가 보고, 듣고, 냄새를 맡고, 맛을 보고, 촉감을 느낄 수 있게 해.

우리 몸은 크게 뼈와 근육으로 이루어져 있는데, 뼈는 몸이 설 수 있게 지탱하고 몸속에 있는 여러 부분들을 보호하지. 근육은 뼈에 연결되어 우리 몸이 움직일 수 있게 한단다.

입, 식도, 위, 작은창자, 큰창자, 항문으로 이어지는 소화 기관은 우리가 먹은 음식물을 잘게 쪼개서 음식물 속에 든 영양소를 몸에 흡수될 수 있게 해. 또 우리가 코로 들이마신 산소는 폐에서 온몸으로 보내지지.

우리 몸에는 혈액이 이동하는 통로인 혈관이 퍼져있는데, 심장이 뛰면 영양분과 산소가 담긴 혈액이 혈관을 따라 온몸에 전달돼. 우리 몸에서 필요 없는 찌꺼기들은 콩팥을 통해 오줌으로 변하고, 방광에 모였다가 몸 밖으로 내보내져.

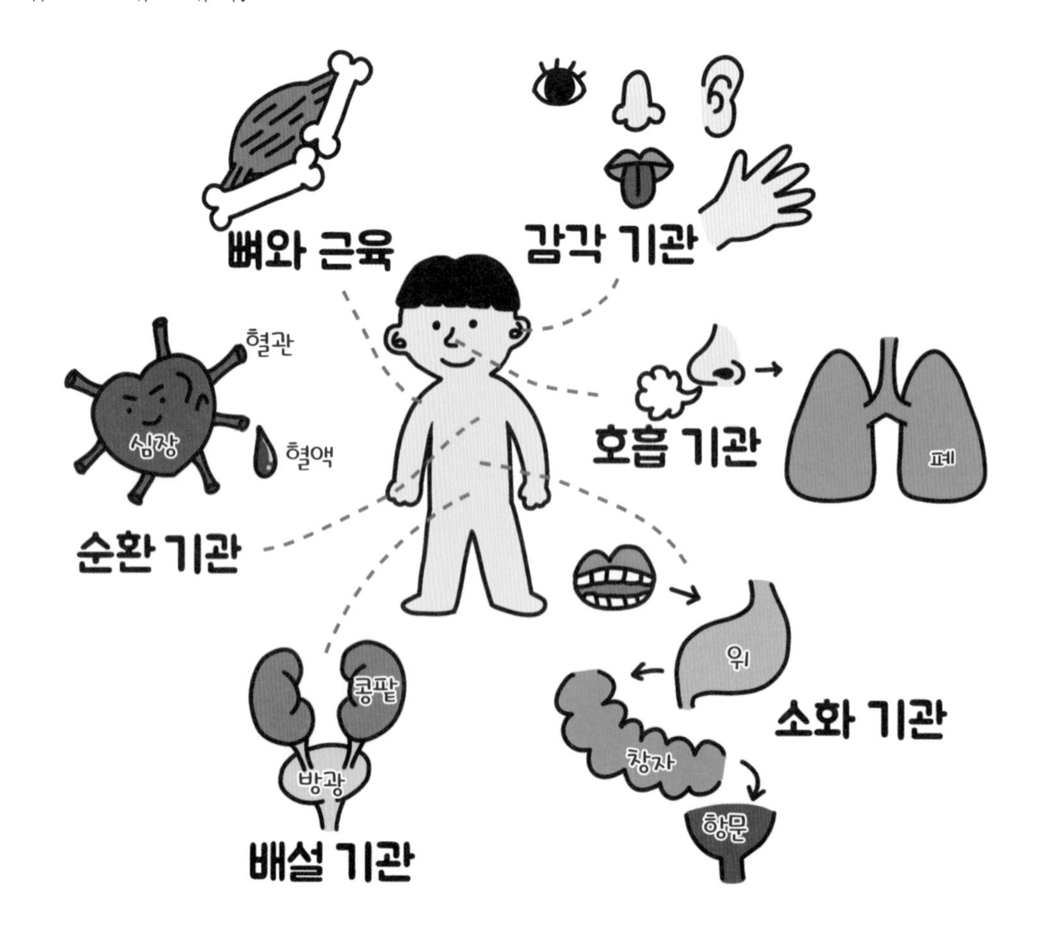

그림이 나타내는 용어를 따라 쓰면서 의미를 이해해 봐요.

1. 위 — 주머니처럼 부풀어 있는 소화 기관의 하나로, 음식이 들어가지 않은 상태의 위는 주먹 정도의 크기지만 음식이 가득 차면 크게 늘어남.
2. 창자 — 소화와 흡수 등을 담당하는 소화 기관의 한 부분으로 작은창자와 큰창자로 나뉨.
3. 감각 — 눈, 귀, 코, 혀, 피부를 통하여 색깔, 소리, 냄새, 맛, 촉감 등을 알아차림.

확인해 봐요!

정답 134쪽

1 우리가 먹은 빵에 대한 우리 몸 각 부분의 이야기를 잘 보고, 바르게 말한 부분의 이름을 쓰세요.

빵의 달콤한 맛은 창자에서 느낄 수 있지.

빵은 입으로 먹을 수 있고, 이로 잘게 쪼갤 수 있어.

빵의 냄새는 항문을 통해 맡을 수 있지.

창자

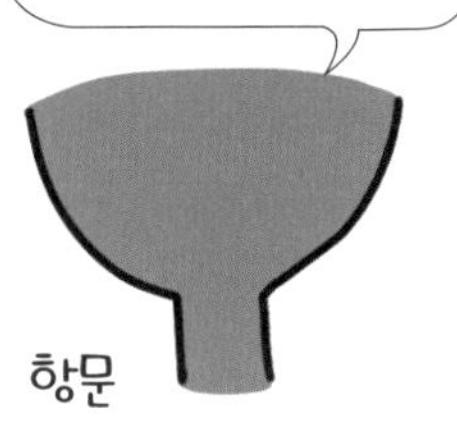

2 우리 몸의 한 부분이 쓴 일기를 읽고, 어떤 부분이 쓴 것인지 알맞은 것에 ○표 하세요.

나는 오늘도 혈관을 통해 온몸을 돌아다녔다.
심장이 콩닥콩닥 뛰면서 나를 움직이게 도왔다.
폐는 나에게 산소를 가져다주었다.
나는 몸 구석구석을 거쳐 다시 심장으로 돌아왔다.
난 내가 하는 일이 참 좋다.

식도 　 위 　 뼈 　 근육 　 혈액 　 콩팥

우리 몸을 건강하게 유지하려면?

우리 몸을 건강하게 유지하려면 여러 가지 영양소가 골고루 필요해. 영양소 중에서도 탄수화물, 단백질, 지방은 우리 몸을 유지하는 데 아주 중요한 역할을 하지. 우리 몸에서 이러한 필수적인 영양소가 어떤 일을 하는지 알아볼까?

나는 몸을 움직이게 하는 에너지를 낼 수 있게 하고, 몸을 구성해.
내가 부족하면 몸이 쉽게 피곤해지고,
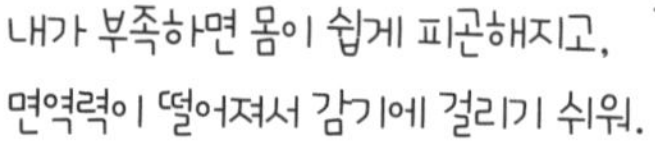
면역력이 떨어져서 감기에 걸리기 쉬워.

탄수화물은 고구마, 감자, 밥, 국수, 빵에 많이 들어 있어.

나는 근육과 내장, 뼈와 피부 등 몸을 이루고, 성장을 도와.
내가 부족하면 머리가 빠지거나 피부가 손상되고, 몸이 잘 자랄 수 없어.

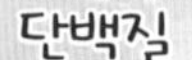

단백질은 고기, 생선, 달걀, 두부, 우유, 콩에 많이 들어 있어.

지방

나는 몸에 에너지를 내게 하고, 체온을 조절하는 것을 도와. 또 바깥의 충격으로부터 몸속 장기를 보호해.
내가 부족하면 입안이나 피부, 머리카락 등 몸이 건조해지고, 기억력이 약해져.

지방은 견과류, 고기, 버터, 기름에 많이 들어 있어.

그림이 나타내는 용어를 따라 쓰면서 의미를 이해해 봐요.

1. 에너지 — 사람이 움직일 수 있는 시작이 되는 힘.
2. 면역력 — 병을 일으키는 세균에게 버티는 힘.
3. 장기 — 우리 몸속에 있는 위, 간, 큰창자, 작은창자, 콩팥 등 여러 가지 기관을 한꺼번에 부르는 말.

확인해 봐요!

정답 134쪽

1 경환이가 이야기하는 내용을 보고, 경환이의 몸에 어떤 영양소가 부족한지 알맞은 것에 ○표 하세요.

- 탄수화물
- 단백질
- 지방

2 우리 몸의 영양소에 대하여 바르게 말한 친구의 이름을 쓰세요.

일선 : 탄수화물은 고기를 먹을 때만 얻을 수 있어.

시원 : 단백질이 부족하면 머리가 빠지고, 키나 몸이 잘 자라지 않아.

형진 : 지방은 살이 찔 수 있으니 먹지 않아야 해.

비타민이 중요한 이유가 있었어!

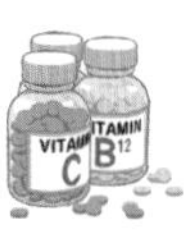

몸을 유지하는 데 중요한 역할을 하는 영양소인 탄수화물, 단백질, 지방 외에도 우리 몸의 여러 가지 기능들을 조절하는 영양소가 있어. 바로 비타민이야. 우리 몸에서 비타민이 어떤 일을 하는지 알아볼까?

그림이 나타내는 용어를 따라 쓰면서 의미를 이해해 봐요.

❶ 비 타 민 — 동물이 살아가는 데 꼭 필요한 여러 가지 영양소를 말하며, 부족하면 특징이 있는 증상이 생김.

❷ 빈 혈 — 빈혈이 있으면 혈액이 몸에 산소를 충분히 보내지 못해서 머리가 아프거나 어지럽고, 몸이 쉽게 피곤해지며 피부가 창백해짐.

❸ 감 기 — 주로 바이러스로 인해 걸리며, 보통 코가 막히고 열이 나며 머리가 아픈 병.

정답 134쪽

1 비타민이 우리 몸에서 하는 일에 알맞게 선으로 이으세요.

비타민 A

나는 감기에 걸리는 것을 막는데 도움을 줘.

비타민 B

나는 몸이 쉽게 피곤해지지 않게 해.

비타민 C

나는 눈을 건강하게 하도록 도와.

2 창빈이와 로희의 대화를 보고, 알맞은 음식을 한 가지 쓰세요.

비주얼 개념 정리

Speed OX 정답 134쪽

28 우리 몸은 쉬지 않고 일해!

● 감각 기관이란?

보고, 듣고, 냄새를 맡고, 맛을 보고, 촉감을 느낄 수 있게 하는 부분으로 눈, 귀, 코, 혀, 피부가 있다.

● 호흡 기관이란?

산소를 들이마시고 이산화 탄소를 몸 밖으로 내보내는 일을 한다. 호흡 기관에는 코, 기관, 기관지, 폐가 있다.

● 순환 기관

우리 몸에 혈액이 흐르는 데 도움을 주며, 혈액이 흐르는 통로인 혈관과 혈액이 혈관을 타고 흐르는 것을 돕는 심장이 있다.

● 뼈와 근육

몸이 설 수 있게 하고 몸속을 보호하는 뼈와 뼈에 연결되어 우리 몸이 움직일 수 있게 하는 근육으로 이루어져 있다.

● 소화 기관이란?

먹은 음식물을 잘게 쪼개서 음식물 속에 든 영양소를 몸에 흡수될 수 있게 하는 부분으로 입, 식도, 위, 작은창자, 큰창자, 항문이 있다.

● 배설 기관

몸에서 필요 없는 찌꺼기를 몸 밖으로 내보내는 일을 하는 부분으로 콩팥에서 오줌을 만들고, 오줌은 방광에 모였다가 몸 밖으로 나가게 된다.

Speed OX

① 뼈는 우리 몸이 설 수 있게 지탱하고 몸속에 있는 여러 부분들을 보호한다. ☐

② 음식물 속에 든 영양소를 몸에 흡수될 수 있게 하는 부분을 소화 기관이라고 한다. ☐

29 우리 몸을 건강하게 유지하려면?

● 우리 몸에 필요한 영양소는?

몸을 건강하게 유지하기 위한 영양소에는 탄수화물, 단백질, 지방이 있으며, 음식을 골고루 먹으면 얻을 수 있다.

탄수화물
에너지를 낼 수 있게 하고, 몸을 구성한다.

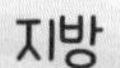

단백질
근육과 내장, 뼈와 피부 등 몸을 이루고, 성장을 돕는다.

지방
에너지를 내게 하고, 체온을 조절하는 것을 돕는다.

Speed OX

❸ 탄수화물은 우리 몸에 반드시 필요한 영양소가 아니다. ☐

❹ 탄수화물, 단백질, 지방은 음식을 골고루 먹으면 얻을 수 있다. ☐

30 비타민이 중요한 이유가 있었어!

● 비타민 A는?

눈과 피부의 건강에 도움을 주며 우유, 달걀, 오렌지, 당근, 고구마, 호박 등의 음식에 많이 들어 있다.

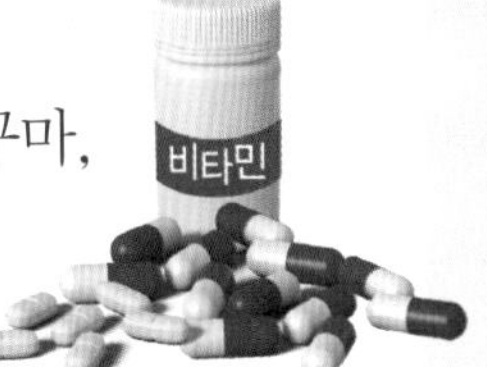

● 비타민 B는?

몸이 쉽게 피곤해지지 않도록 하며 콩, 아보카도, 고기, 우유, 달걀 등의 음식에 많이 들어 있다.

● 비타민 C는?

감기에 걸리는 것을 예방하는 데 도움을 주며 대부분의 과일과 채소를 통해 얻을 수 있다.

Speed OX

❺ 우리 몸에 비타민A가 부족하면 눈이 건조해지고, 밤에 잘 보이지 않는다. ☐

❻ 비타민C는 감기에 걸리는 것을 예방하는 데 도움을 준다. ☐

과학 탐구 퀴즈

1 아래 퍼즐에는 앞에서 배웠던 낱말 10개가 숨어 있어요. 모두 찾아 낱말에 ○표 해 보세요.

정답 134쪽

2 양철나무꾼에게 필요한 몸의 기관을 보기에서 골라 각각 빈칸에 쓰고, 알맞은 위치에 빠진 부분을 그려서 완성하세요.

보기

귀 코 심장 콩팥

지구와 우주

우리가 살고 있는 지구의 모양은?

지구는 둥글기 때문에 계속 걸어가면 세계의 어린이를 모두 만날 수 있다는 내용의 동요를 들어 봤을 거야. 동요의 내용과 같이 지구는 둥근 공 모양이란다. 그런데 지구가 사람에 비해 매우 크기 때문에 사람들은 지구가 둥글다는 것을 느끼지 못해. 하지만 우주에서 찍은 지구 사진을 보면 지구가 둥글다는 사실을 확실히 알 수 있어.

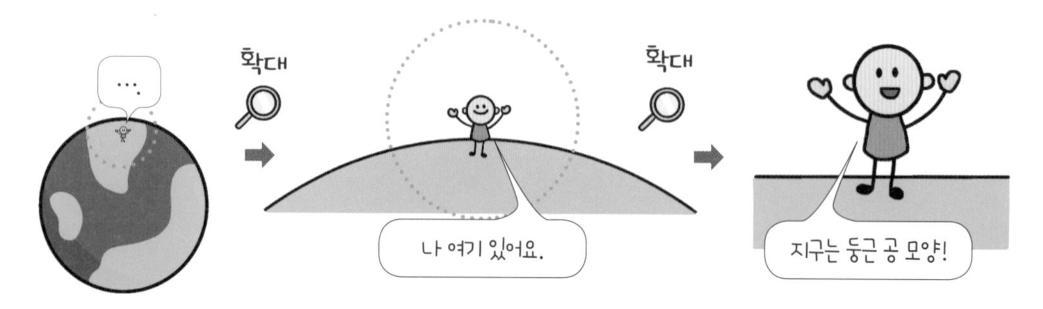

그렇다면 우주에 갈 수 없었던 과거에는 지구가 둥글다는 사실을 어떻게 알았을까? 먼 옛날 마젤란과 그 탐험대는 배를 타고 3년에 걸쳐 세계 일주에 성공했어. 스페인에서 출발하여 태평양을 지나 인도양을 건너서 다시 스페인으로 돌아왔지.

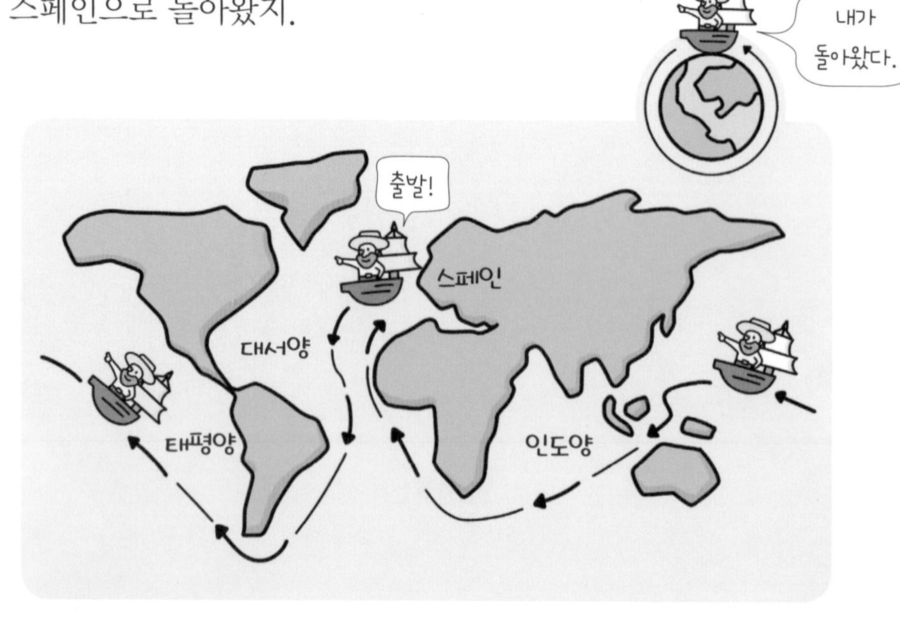

옛날 사람들은 지구가 네모 모양이라고 생각해서 마젤란이 절벽에서 떨어져 돌아오지 못할 거라고 생각했다고 해. 하지만 마젤란은 세계 일주에 성공했고, 이를 통해 지구가 둥글다는 사실을 알 수 있었단다.

그림이 나타내는 용어를 따라 쓰면서 의미를 이해해 봐요.

❶ 탐 험 — 위험을 무릅쓰고 어떤 곳을 찾아가서 살펴보고 조사함.

❷ 일주 — 일정하게 지나는 길을 한 바퀴 도는 것.

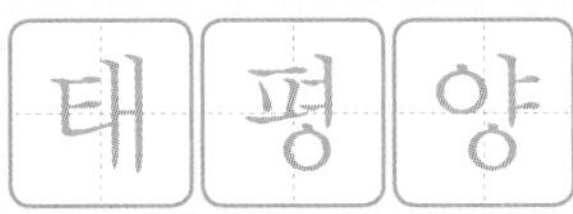

❸ 태평양 — 대서양 · 인도양 · 남극해 · 북극해와 함께 5대양을 이루는 큰 바다로, 세계 바다 넓이의 반을 차지함.

정답 135쪽

1 우리는 길을 걸을 때나 가만히 서 있을 때 지구가 둥근 것을 느끼지 못해요. 이와 같이 지구가 평평하게 느껴지는 까닭을 바르게 말한 친구의 이름을 쓰세요.

(　　　　　　)

2 마젤란 탐험대의 세계 일주를 통해 알게 된 지구의 모양으로 알맞은 것에 ○표 하세요.

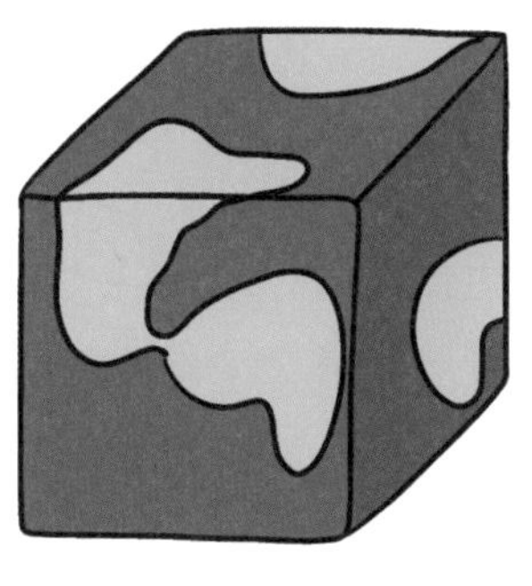

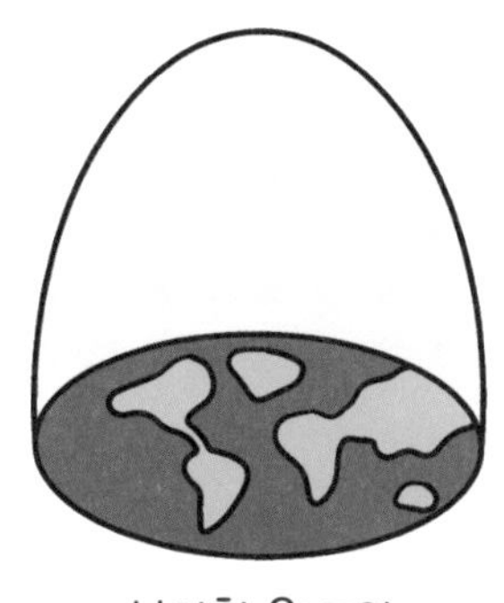

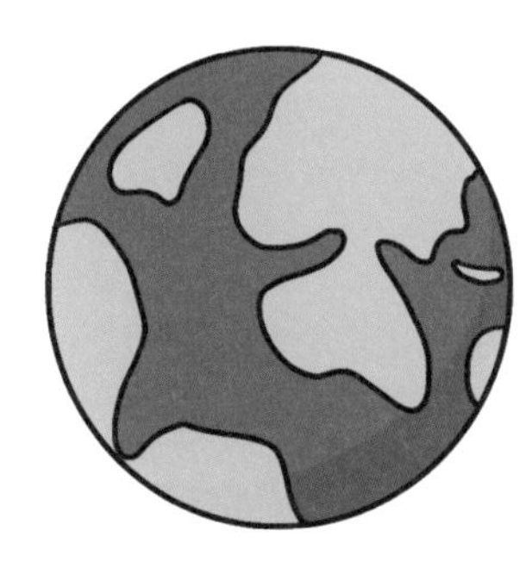

주사위 모양　　　　납작한 원 모양　　　　둥근 공 모양

비주얼 씽킹 32

참쌤 동영상

흙은 지구를 이루고 있어!

흙은 지구의 땅에도 있고, 바닷속이나 강 속에도 있어. 흙에는 바위가 부스러져 만들어진 가루와 동식물이 살아가면서 생긴 물질들이 섞여 있지. 뿐만 아니라 흙은 물을 머금을 수 있기 때문에 식물들은 흙 속의 영양분과 물을 이용하여 잘 자랄 수 있단다. 또 흙은 우리와 같은 동물들의 보금자리이기도 하지. 이처럼 흙은 지구에 사는 모든 생명체에게 매우 중요해.

흙은 알갱이의 크기가 큰 자갈, 자갈보다 작은 모래, 모래보다 작은 진흙 등 알갱이의 크기가 다양해.

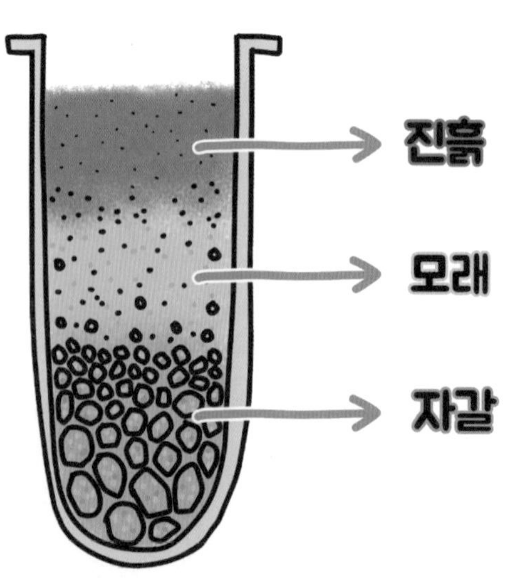

자갈, 모래, 진흙은 만졌을 때의 느낌도 다르단다. 진흙은 알갱이의 크기가 아주 작기 때문에 만졌을 때 부드러운 느낌이 나지.

흙은 학교의 운동장이나 화단, 바닷가의 모래사장이나 갯벌 등 다양한 장소에서 저마다의 특징을 뽐내며 지구를 이루고 있어.

그림이 나타내는 용어를 따라 쓰면서 의미를 이해해 봐요.

① 영양분 생물이 살아가는 데 필요한 영양이 되는 것.

② 화단 꽃을 심기 위하여 흙을 한층 높게 하여 꾸며 놓은 꽃밭.

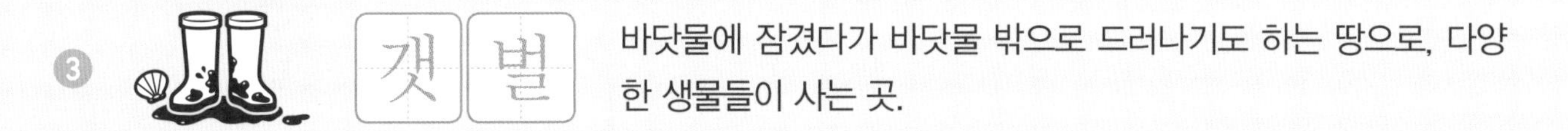

③ 갯벌 바닷물에 잠겼다가 바닷물 밖으로 드러나기도 하는 땅으로, 다양한 생물들이 사는 곳.

정답 135쪽

1 식물이 흙 속에서 얻을 수 있는 것으로 알맞은 것에 모두 ○표 하세요.

2 흙 알갱이의 크기를 보고 자갈, 모래, 진흙으로 구분하여 쓰세요.

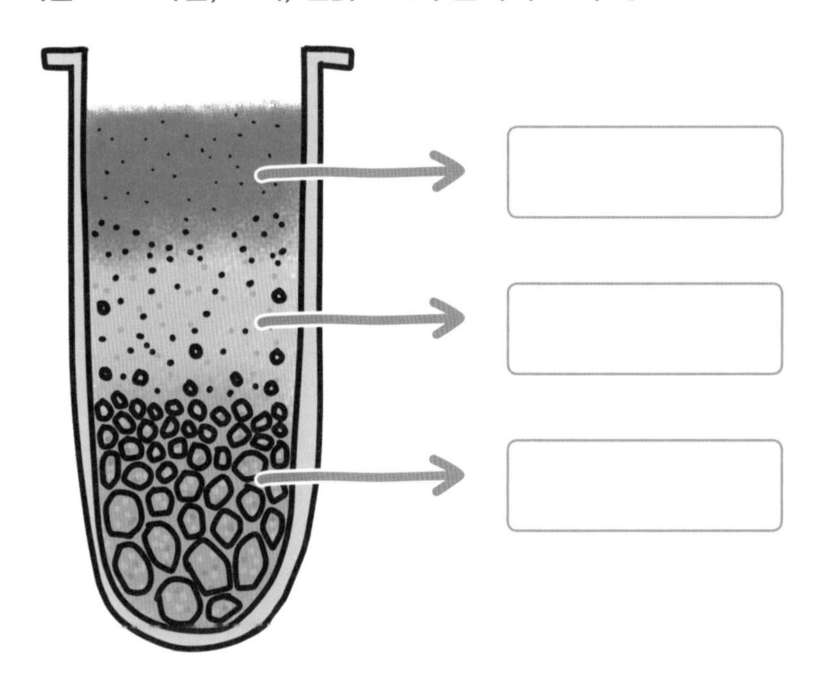

비주얼 씽킹 33

참쌤 동영상

지구의 생물에게 꼭 필요한 것은?

우리가 사는 지구에는 수많은 생물들이 살고 있어. 지구의 생물이 살아가기 위해 꼭 필요한 것은 무엇인지 알아보자.

물이 우리 몸의 아주 많은 부분을 차지하고 있다는 걸 알고 있니? 물은 우리 몸의 약 80%를 이루고 있단다. 그렇기 때문에 우리 몸에 물이 많이 부족하면 생명이 위험할 수도 있어. 사람뿐만 아니라 동물이나 식물에게도 물이 꼭 필요하지.

대기는 지구 주위를 둘러싸고 있는 공기야. 대기는 태양으로부터 오는 위험한 자외선을 막아 주고, 생물이 살기 적당한 온도를 만들어 줘. 또 대기 중에 있는 산소는 지구의 생물이 숨을 쉴 수 있게 하지.

이렇게 물과 대기는 지구의 생물이 살아가기 위해 꼭 필요하단다. 지구 밖의 우주에 생명체가 살고 있는 행성이 있다면, 아마 그곳에도 물과 대기가 있을 거야.

그림이 나타내는 용어를 따라 쓰면서 의미를 이해해 봐요.

① 생물 — 생명을 가지고 살아가는 것으로 동물, 식물, 미생물 등으로 나눌 수 있음.

② 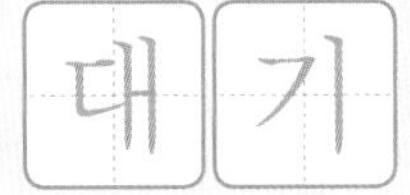

지구 주위를 둘러싸고 있는 공기를 다르게 부르는 말.

③ 

태양 빛의 한 부분으로, 우리 눈으로 볼 수는 없지만 피부를 검게 그을리게 하고 많이 쬐면 건강에 해로운 빛.

정답 135쪽

1 다음은 물과 대기 중에서 모두 무엇에 대한 설명인지 알맞은 것에 ○표 하세요.

- 식물이 살아가기 위해 필요하다.
- 우리 몸의 약 80%를 이루고 있다.
- 우리 몸에 이것이 많이 부족하면 생명이 위험할 수도 있다.

2 태양으로부터 오는 위험한 자외선을 막아 주고, 산소로 지구의 생물이 숨 쉴 수 있게 하는 '대기'를 아래 지구에 그려서 나타내세요.

비주얼 씽킹 34

찐쌤 동영상

공룡은 어떻게 화석이 됐을까?

오랜 옛날에 지구에 살았지만 지금은 사라진 공룡의 모습을 우리가 어떻게 알고 있을까? 바로 옛날에 살았던 생물들이 암석에 남긴 흔적을 연구해서 알 수 있는 거야.

이처럼 과거에 살았던 생물의 몸체와 생물이 생활한 흔적이 암석이나 지층에 남아 있는 것을 '화석'이라고 해. 화석에는 동물 화석도 있고 식물 화석도 있단다.

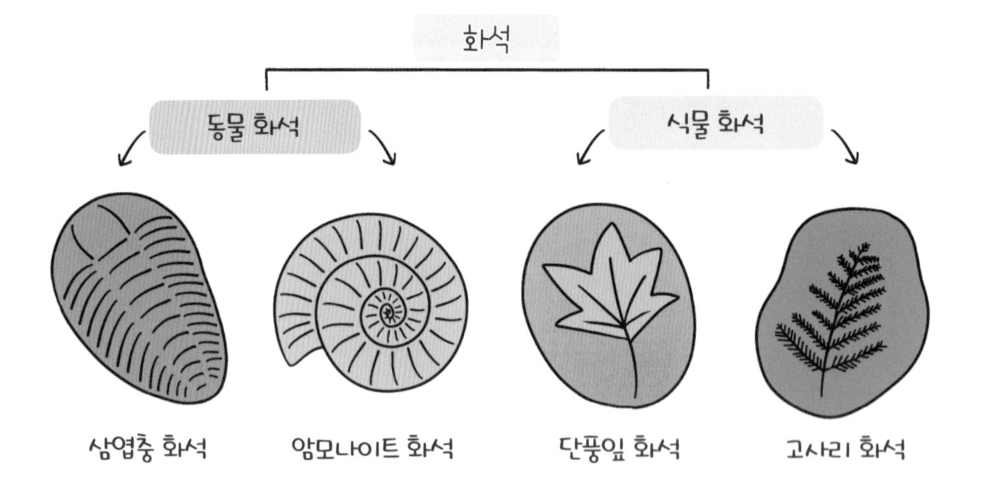

그렇다면 공룡은 어떻게 화석이 되었을까? 먼저, 죽은 공룡의 몸 위에 많은 양의 자갈, 모래, 진흙 등이 쌓이는 거야. 오랜 시간이 지나면 공룡의 위아래에 쌓인 부분들이 단단하게 굳어지지. 이렇게 단단하게 굳어진 부분이 바닷가나 산의 절벽처럼 드러나게 되면, 그 속에서 화석이 된 공룡이 발견된단다.

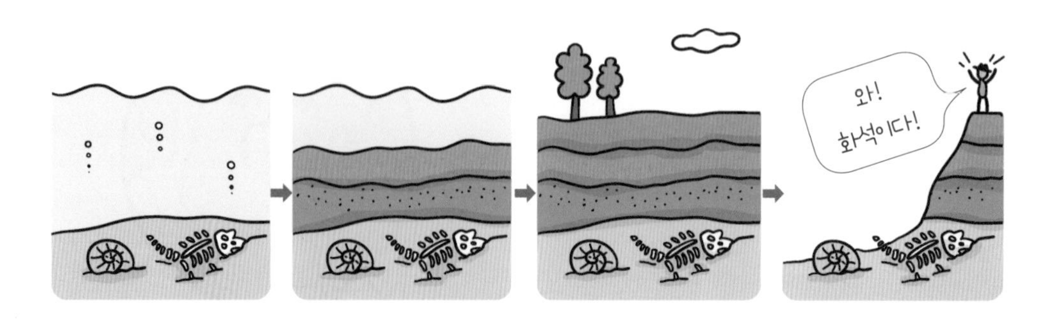

그림이 나타내는 용어를 따라 쓰면서 의미를 이해해 봐요.

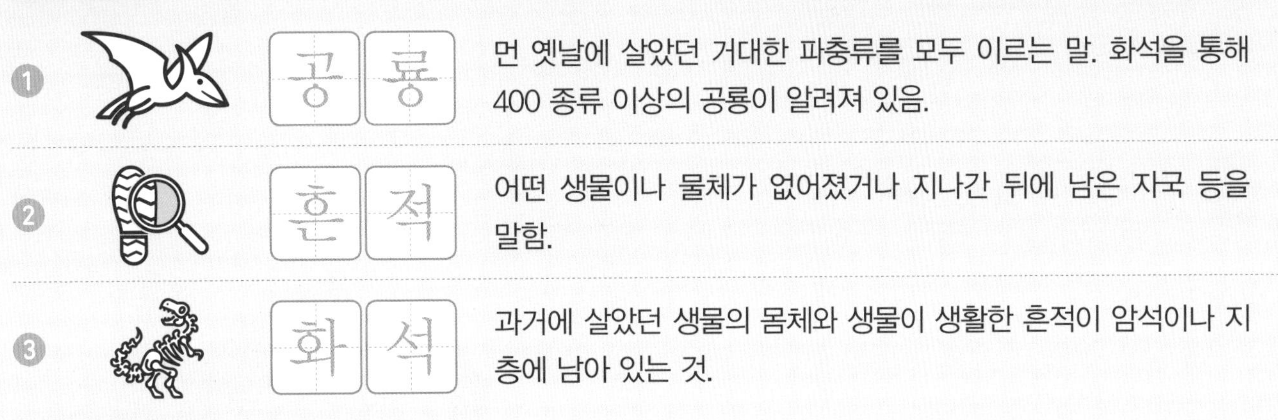

1. 공룡: 먼 옛날에 살았던 거대한 파충류를 모두 이르는 말. 화석을 통해 400 종류 이상의 공룡이 알려져 있음.
2. 흔적: 어떤 생물이나 물체가 없어졌거나 지나간 뒤에 남은 자국 등을 말함.
3. 화석: 과거에 살았던 생물의 몸체와 생물이 생활한 흔적이 암석이나 지층에 남아 있는 것.

정답 135쪽

1 다음 화석은 동물 화석인지 식물 화석인지 구분하여 알맞게 선으로 이으세요.

2 공룡 발자국 화석에 대해 바르게 설명한 것에 ○표 하세요.

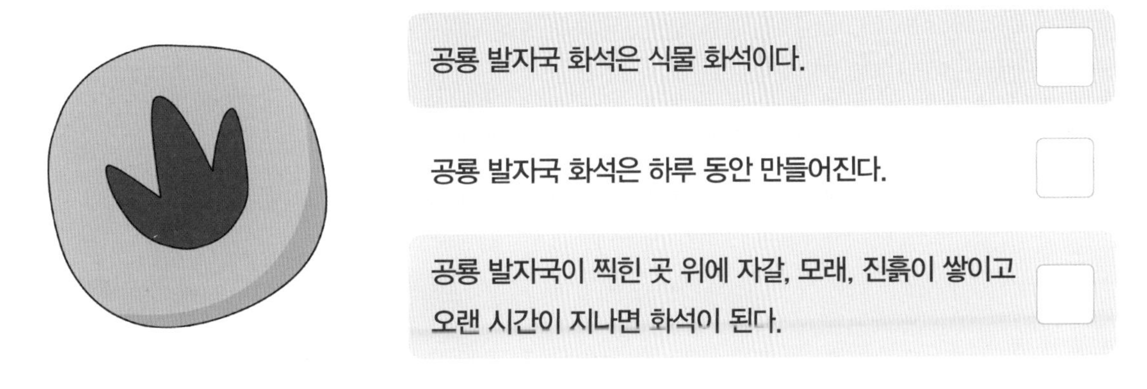

- 공룡 발자국 화석은 식물 화석이다. ( )
- 공룡 발자국 화석은 하루 동안 만들어진다. ( )
- 공룡 발자국이 찍힌 곳 위에 자갈, 모래, 진흙이 쌓이고 오랜 시간이 지나면 화석이 된다. ( )

비주얼 개념 정리

Speed OX 정답 135쪽

31 우리가 살고 있는 지구의 모양은?

● 지구의 모양

우주에서 찍은 지구의 사진을 보면 알 수 있듯이 지구의 모양은 둥근 공 모양이다.

● 지구가 둥글게 느껴지지 않는 까닭은?

지구가 사람에 비해 매우 크기 때문에 사람들은 지구가 둥글다는 것을 잘 느끼지 못한다.

● 옛날 사람들이 알아 낸 지구의 모양

마젤란과 탐험대는 배를 타고 세계 일주에 성공했는데, 스페인에서 출발하여 태평양을 지나 인도양을 건너서 다시 스페인으로 돌아왔기 때문에 이를 통해 지구가 둥글다는 사실을 알 수 있었다.

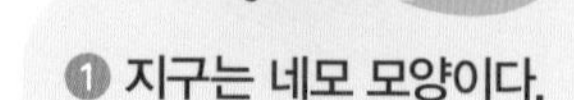

Speed OX

❶ 지구는 네모 모양이다. ☐

❷ 옛날 사람들은 마젤란이 세계 일주에 성공함에 따라 지구가 둥글다는 사실을 알 수 있었다. ☐

32 흙은 지구를 이루고 있어!

● 흙의 역할은?

• 식물들은 흙 속의 영양분과 물을 이용하여 살아갈 수 있다.
• 흙은 동물들이 살아가는 보금자리의 역할도 한다.

● 여러 가지 흙

흙은 알갱이 크기에 따라 알갱이의 크기가 큰 자갈, 자갈보다 알갱이의 크기가 작은 모래, 모래보다 알갱이의 크기가 작은 진흙으로 구분할 수 있다. 흙은 다양한 장소에서 각각의 특징을 가지고 지구를 이룬다.

Speed OX

❸ 흙은 생물이 살아가는 데 도움이 되지 않는다. ☐

❹ 자갈, 모래, 진흙 중에서 알갱이의 크기가 가장 큰 것은 자갈이다. ☐

33 지구의 생물에게 꼭 필요한 것은?

● **물**

물은 우리 몸의 약 80%를 이루고 있기 때문에 우리 몸에 물이 부족하면 생명이 위험할 수도 있다. 사람뿐만 아니라 동물이나 식물이 살아가는 데에도 물은 꼭 필요하다.

● **대기란?**

대기는 지구 주위를 둘러싸고 있는 공기로, 태양으로부터 오는 위험한 자외선을 막아 주고, 생물이 살기 적당한 온도를 만들어 준다. 또 대기 중의 산소는 지구의 생물이 숨을 쉴 수 있게 한다.

Speed O X

❺ 지구의 생물이 살아가기 위해 물과 대기가 꼭 필요하다. ☐

❻ 대기는 지구 주위를 둘러싼 물을 말한다. ☐

34 공룡은 어떻게 화석이 됐을까?

● **화석이란?**

- 과거에 살았던 생물의 몸체와 생물이 생활한 흔적이 암석이나 지층에 남아 있는 것을 말한다.
- 화석은 동물 화석과 식물 화석으로 구분할 수 있다.
- 동물 화석에는 삼엽충 화석, 암모나이트 화석, 공룡 화석 등이 있다.
- 식물 화석에는 단풍잎 화석, 고사리 화석 등이 있다.

● **화석이 만들어지는 과정**

죽은 생물의 몸 위에 많은 양의 자갈, 모래, 진흙 등이 쌓인다. ➡ 오랜 시간이 지나면 생물의 몸체 위아래에 쌓인 부분들이 단단하게 굳어진다. ➡ 단단하게 굳어진 부분이 바닷가나 산의 절벽처럼 깎이면서 드러난다. ➡ 그 속에서 화석이 발견된다.

Speed O X

❼ 어제 학교 운동장에 찍어 남겨 놓은 발자국도 화석이라고 할 수 있다. ☐

❽ 나뭇잎과 같은 식물도 화석이 될 수 있다. ☐

비주얼 씽킹 35

참쌤 동영상

홍수와 가뭄에 대비해 보자!

짧은 시간 동안 많은 비가 오면 강이나 개천의 물이 갑자기 많아져서 '홍수'가 발생하기도 해. 홍수가 발생하면 낮은 곳에 있는 논밭이나 집이 물에 잠길 수 있지. 이러한 홍수의 피해를 줄이기 위해 둑을 쌓거나 댐을 건설하여 물을 가둬 둘 수 있어.

홍수와는 반대로 오랫동안 비가 내리지 않아서 땅이 메마르고 물이 부족해지는 것을 '가뭄'이라고 해. 가뭄이 계속되면 먹거나 사용할 물이 부족해지고, 공기가 건조해지기 때문에 산불이 나기 쉬워. 가뭄에 대비하기 위해 댐을 만들면, 가뭄 때 댐의 물을 꺼내 쓸 수 있단다.

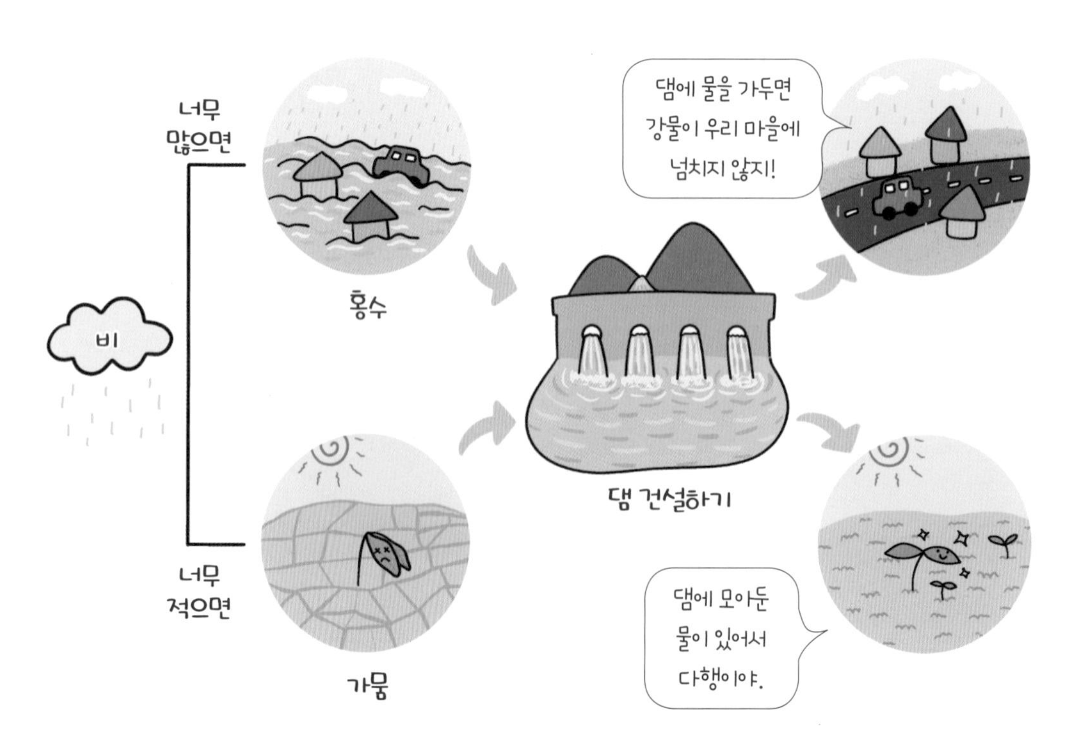

그림이 나타내는 용어를 따라 쓰면서 의미를 이해해 봐요.

❶  홍 수 비가 많이 와서 강이나 개천에 물이 갑자기 크게 늘어나 주변에 피해를 주는 자연재해.

❷  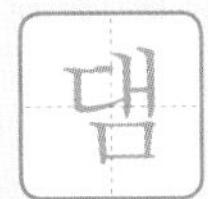

강이나 바닷물을 막아 두기 위하여 쌓은 둑으로, 홍수를 막거나 가뭄을 해결하고, 전기를 만드는 데 이용되기도 함.

❸  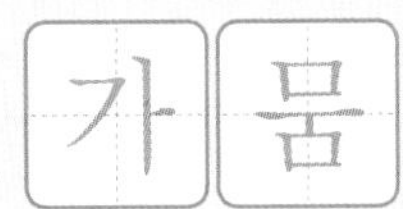

오랫동안 계속하여 비가 내리지 않아서 땅이 메마르고 물이 부족한 것.

정답 135쪽

1 강 주변에서 홍수의 피해를 줄이기 위해 할 수 있는 것으로 알맞은 것을 골라 번호에 ○표 하세요.

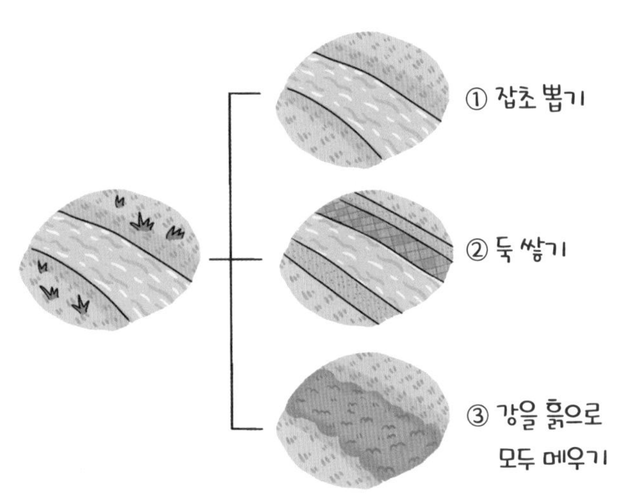

2 가뭄에 대하여 바르게 말한 친구의 ▢에 모두 색칠하세요.

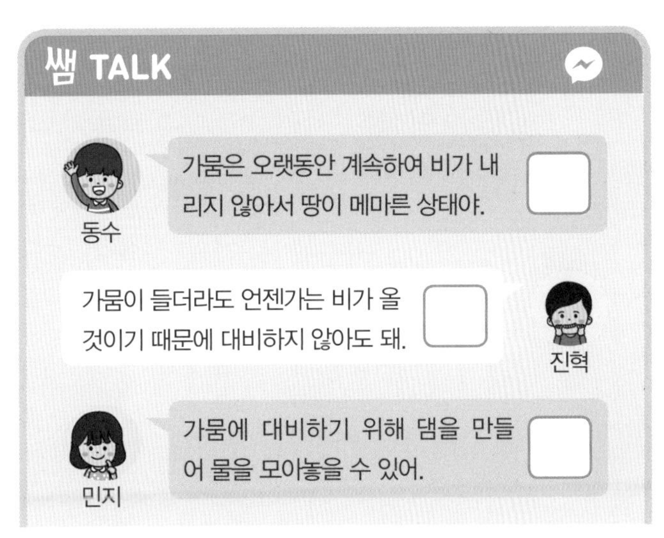

우리가 지구를 오염시키고 있어!

바다에 버려진 플라스틱 쓰레기를 먹이로 착각한 바다 동물들이 고통받고 있다는 이야기를 들어본 적 있을 거야. 우리의 생활에 쓰기 위해 나무를 많이 베어 낸 산에서 산사태가 일어났다는 이야기도 말이지. 사람들 때문에 물, 흙, 공기와 같이 우리를 둘러싸고 있는 자연환경이 더럽혀지는 것을 환경 오염이라고 해.

환경 오염에는 여러 가지 종류가 있어. 바닷물이나 강물과 같이 물이 오염되는 수질 오염, 생물에게 해로운 물질들이 스며들어 흙을 병들게 하는 토양 오염, 지구를 둘러싼 공기가 오염되는 대기 오염 등이야. 물, 흙, 공기가 오염되면 결국 우리를 포함한 모든 생명체에게 영향을 미치게 돼.

따라서 환경 오염을 줄이기 위해 세제 적게 사용하기, 일회용품 사용 줄이기, 쓰레기 분리해서 버리기, 자전거나 대중교통 이용하기, 에어컨 사용 줄이기 등 우리가 할 수 있는 노력을 하는 것이 중요하지.

그림이 나타내는 용어를 따라 쓰면서 의미를 이해해 봐요.

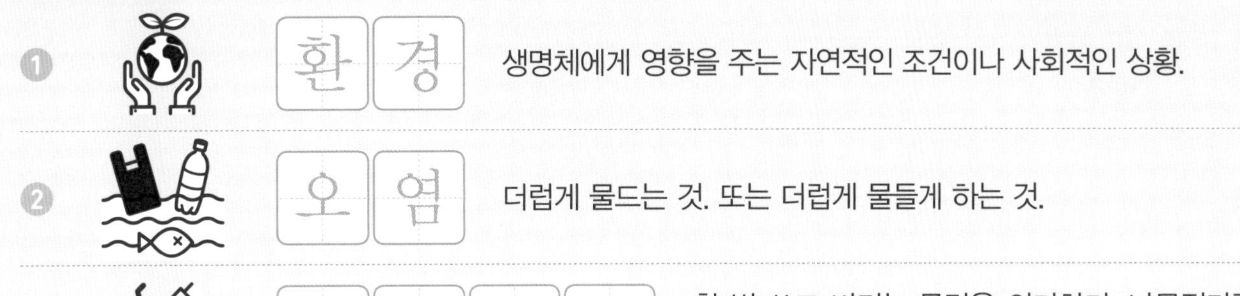

① 환경 — 생명체에게 영향을 주는 자연적인 조건이나 사회적인 상황.

② 오염 — 더럽게 물드는 것. 또는 더럽게 물들게 하는 것.

③ 일회용품 — 한 번 쓰고 버리는 물건을 의미하며, 나무젓가락이나 종이컵 등이 있음.

정답 135쪽

1 환경 오염에 해당하는 모습에 모두 ○표 하세요.

2 환경 오염을 줄이기 위해 우리가 할 수 있는 일을 그림으로 나타내세요.

지구는 왜 뜨거워질까?

바닷물이 얼 정도로 아주 추운 북극에 사는 북극곰들은 빙하라고 부르는 아주 큰 얼음 위에서 생활해. 그런데 지구가 점점 뜨거워지고, 빙하가 녹으면서 북극곰들이 살 곳을 잃고 있어. 지구는 왜 뜨거워지는 걸까?

원래 태양에서 지구로 들어오는 열은 필요한 양만 남고, 나머지는 지구 밖으로 나가서 지구가 일정한 온도를 유지할 수 있어. 그런데 자동차에서 나오는 매연, 석유나 석탄을 태울 때 나오는 가스와 이산화 탄소가 열이 빠져나가는 것을 막기 때문에 지구가 뜨거워진단다. 이런 현상을 '지구 온난화'라고 해.

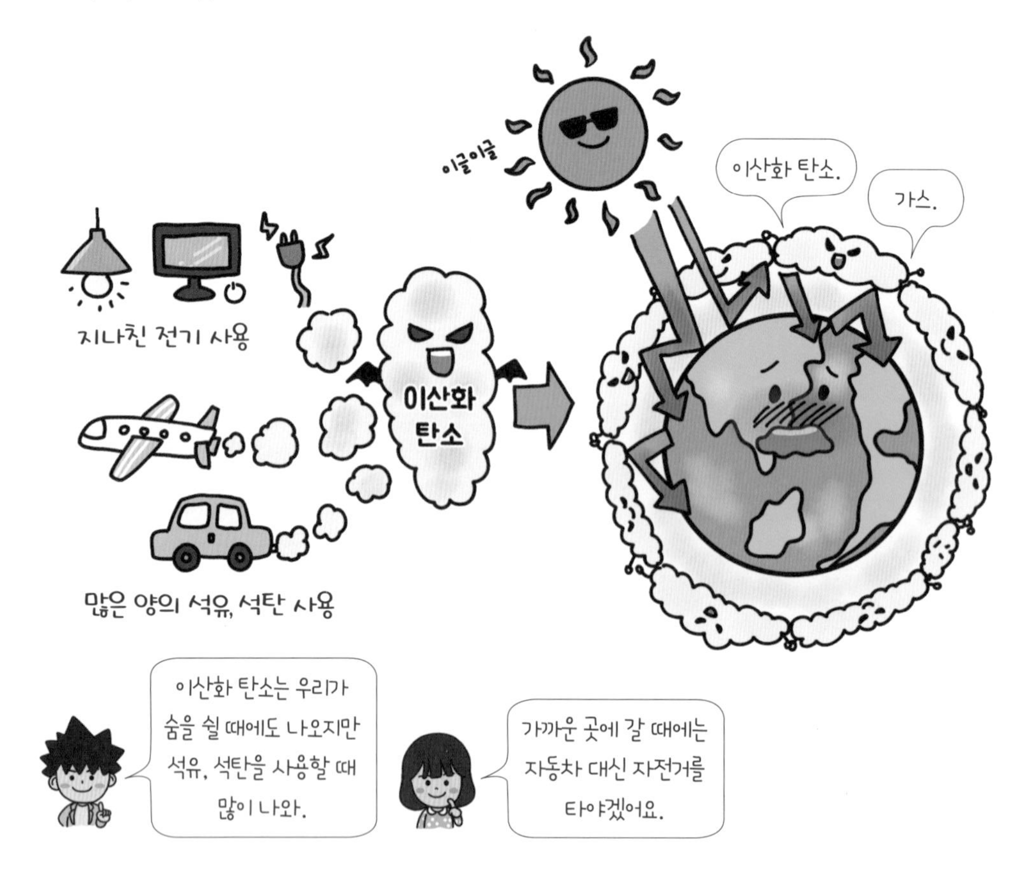

지구 온난화로 빙하가 녹으면 바닷물의 높이가 점점 높아져. 또 심한 가뭄이나 갑작스러운 큰 비, 높은 온도가 계속되는 현상이 일어나기도 하지. 이런 날씨에는 식물이나 동물은 물론 우리들까지도 살아가기 힘들단다. 따라서 지구 온난화가 더 심해지지 않도록 자동차보다는 대중교통을 이용하고, 전기를 절약하거나 나무를 심는 등 작은 것이라도 실천해야 해.

그림이 나타내는 용어를 따라 쓰면서 의미를 이해해 봐요.

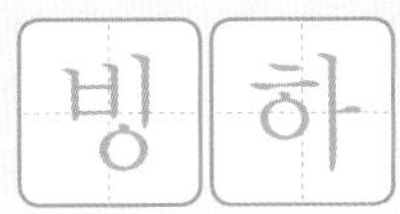

① 빙하: 수백 수천 년 동안 쌓인 눈이 얼음덩어리로 변한 것.

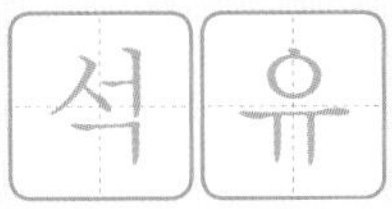

② 석유: 생물이 땅속에 묻혀 높은 열과 강한 힘을 받아 만들어진 것으로, 석탄과 함께 화석 에너지의 하나임.

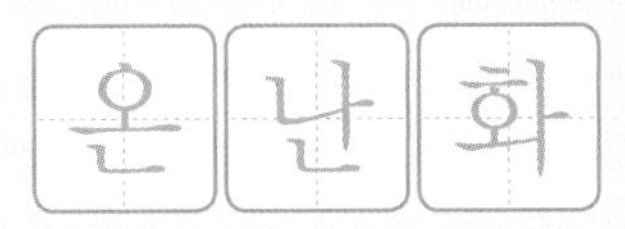

③ 온난화: 지구의 기온이 높아지는 현상.

정답 136쪽

1 지구 온난화에 대해서 바르게 말한 동물 친구의 이름을 쓰세요.

(   )

2 지구 온난화를 막기 위해 우리가 할 수 있는 노력으로 알맞은 것에 모두 ○표 하세요.

자동차 많이 타기

전기 절약하기

나무 심기

Speed O X 정답 136쪽

35 홍수와 가뭄에 대비해 보자!

◆ **홍수란?**

짧은 시간 동안 많은 비가 와서 강이나 개천의 물이 불어나면, 이로 인해 낮은 곳에 있는 논밭이나 집이 물에 잠기는 현상이다. ➡ 홍수의 피해를 줄이려면 강 주변에 둑을 쌓거나 댐을 건설하여 물을 가둬 둘 수 있다.

◆ **가뭄이란?**

오랫동안 비가 내리지 않아서 땅이 메마르고 물이 부족해지는 현상으로, 가뭄이 계속되면 농작물에 피해를 주기도 하고 산불이 나기 쉽다. ➡ 가뭄의 피해를 줄이려면 댐을 건설하여 가뭄 때 댐의 물을 꺼내어 쓸 수 있다.

Speed O X

① 홍수는 오랫동안 비가 내리지 않아서 물이 부족할 때 생긴다. ☐

② 가뭄이 계속되면 낮은 곳에 있는 논밭이나 집이 물에 잠길 수 있다. ☐

36 우리가 지구를 오염시키고 있어!

◆ **환경 오염이란?**

사람들 때문에 물, 흙, 공기와 같이 우리를 둘러싸고 있는 자연환경이 더럽혀지는 것이다.

◆ **환경 오염의 종류**

바닷물이나 강물과 같이 물이 오염되는 수질 오염, 흙이 병드는 토양 오염, 지구를 둘러싼 공기가 오염되는 대기 오염이 있다.

- 환경 오염을 줄이기 위해 할 수 있는 노력은?
- 설거지나 빨래를 할 때 세제 적게 사용하기
- 플라스틱과 같은 일회용품의 사용 줄이기
- 쓰레기는 분리해서 버리기
- 가까운 거리는 걸어가기
- 먼 거리는 자전거나 대중교통 이용하기
- 전기 제품의 사용 줄이기

❸ 사람들 때문에 우리를 둘러싼 자연환경이 더럽혀지는 것을 환경 오염이라고 한다. ☐

❹ 세제를 많이 사용하면 물이 깨끗해지므로 환경 오염을 막을 수 있다. ☐

37 지구는 왜 뜨거워질까?

- 지구 온난화

원래 태양에서 지구로 들어오는 열은 필요한 양만 남고, 나머지는 지구 밖으로 나가서 지구가 일정한 온도를 유지한다. 그런데 환경이 오염되면서 자동차에서 나오는 매연이나 이산화 탄소 등이 열이 지구 밖으로 빠져나가는 것을 막아 지구가 점차 뜨거워진다. 이런 현상을 지구 온난화라고 한다.

- 지구 온난화로 일어날 수 있는 일은?
- 빙하가 녹아서 바닷물의 높이가 점점 높아질 수 있다.
- 빙하가 녹으면 북극곰과 같은 동물들의 살 곳이 사라진다.
- 바닷물의 높이가 높아지면 바닷가의 땅이나 작은 섬 등이 물에 잠길 수도 있다.
- 심한 가뭄이나 높은 온도가 계속되어 생물들이 살기 힘들어진다.

- 지구 온난화가 심해지지 않도록 실천할 수 있는 것
- 자동차보다는 자전거나 대중교통 이용하기
- 나무를 심어서 깨끗한 공기 만들기
- 전기 제품의 사용을 줄여 전기 절약하기
- 일회용 컵 대신 개인용 컵 사용하기
- 비닐봉지보다는 장바구니 이용하기

❺ 태양에서 나온 열은 지구로 들어오면 안 된다. ☐

❻ 지구 온난화로 인해 빙하가 녹을만큼 지구가 점점 뜨거워지고 있다. ☐

반짝이는 스타, 별을 소개할게!

어두운 밤하늘에서 반짝반짝 빛나는 별. 별은 태양처럼 스스로 빛을 내. 하지만 별은 태양계를 넘어 아주 멀리 있기 때문에 태양처럼 크거나 밝게 보이지 않지. 우주에는 별이 매우 많단다.

옛날 사람들은 밝게 보이는 하늘의 별들을 이어 동물, 물건, 사람 등의 이름을 붙여 놓았는데, 이것을 '별자리'라고 해. 별자리를 통해 밤하늘의 별을 쉽게 찾고, 별의 위치를 쉽게 기억할 수 있지.

별은 시간이 지남에 따라 움직이는 것처럼 보이지만, 사실 움직이지 않아. 지구가 매일 한 바퀴씩 회전하기 때문에 별이 움직이는 것처럼 보이는 거야. 회전목마를 타면 주변 모습이 변하는 것처럼 말이지.

반면, 북쪽 하늘에는 시간이 지나도 움직이지 않는 별인 북극성이 있어. 팽이가 돌 때 중심축이 변하지 않는 것처럼 회전하는 지구의 중심축 위에 있기 때문이지. 따라서 북극성을 이용하면 방향을 알 수 있단다.

그림이 나타내는 용어를 따라 쓰면서 의미를 이해해 봐요.

1. 태 양 계 — 태양의 영향이 미치는 공간과 그 공간에 있는 행성, 위성, 소행성, 혜성 등의 구성원을 모두 이르는 말.

2. 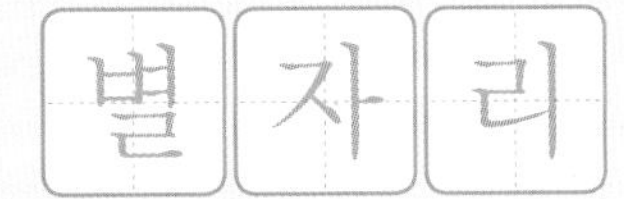

하늘의 별들을 이어 동물, 물건, 사람 등의 이름을 붙여 놓은 것.

3. 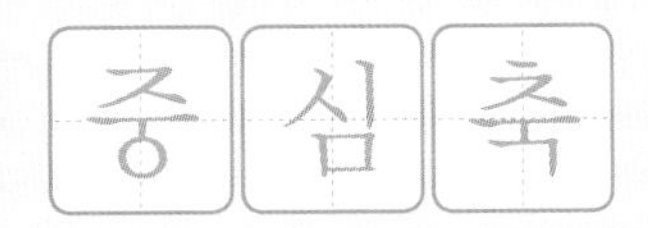

물체가 빙빙 돌아가는 회전을 할 때 중심이 되는 것.

정답 136쪽

1 아래의 밤하늘에서 자유롭게 별을 고르고 연결하여 나만의 별자리를 만들어 보세요.

내가 만든 별자리의 이름:

2 별에 대하여 바르게 말한 친구에게 모두 ○표 하세요.

덕수

로희

우진

인공위성은 모든 걸 알고 있어!

밤하늘을 올려다보면 반짝이는 작은 점들을 볼 수 있어. 그중에는 별이나 행성도 있지만 사람이 만든 인공위성도 있단다. 위성은 행성의 주위를 도는 천체를 말하는데, 달은 지구 주위를 도는 위성이지. 인공위성은 사람이 만든 위성이라는 뜻으로 달처럼 지구 주위를 돌도록 만들어졌어.

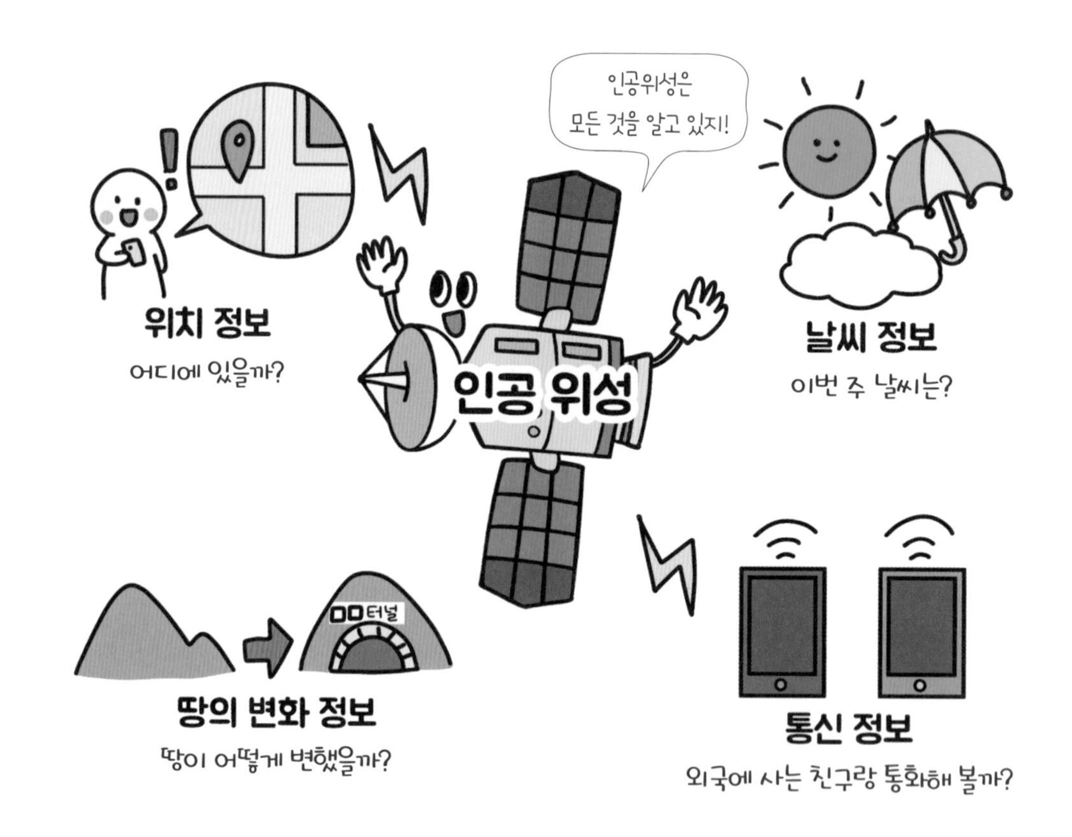

인공위성은 지구 주위를 돌면서 다양한 정보를 모아서 세계 곳곳으로 보내. 스마트폰의 앱 중에서 길을 찾는 데 도움을 주는 지도 앱이 있지? 우리가 지금 어디에 있는지, 목적지까지 어떻게 갈 수 있는지 알도록 돕는 것이 바로 인공위성이야.

인공위성은 세계 여러 나라의 날씨를 미리 알 수 있도록 도움을 주고, 다른 나라에서 벌어지는 축구 경기를 우리나라에서 볼 수 있도록 영상 정보를 주기도 하지. 인공위성은 지금 이 순간에도 지구 주위를 돌면서 다양한 정보를 모으고 있단다.

그림이 나타내는 용어를 따라 쓰면서 의미를 이해해 봐요.

1 행성 — 스스로 빛을 내지 못하고 태양의 주위를 도는 천체로, 태양계에는 수성, 금성, 지구, 화성, 목성, 토성, 천왕성, 해왕성이 있음.

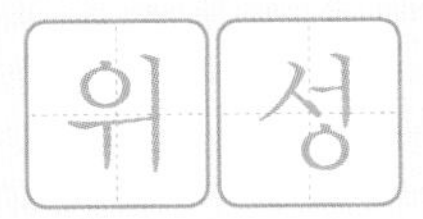

2 위성 — 행성 주위를 회전하는 천체.

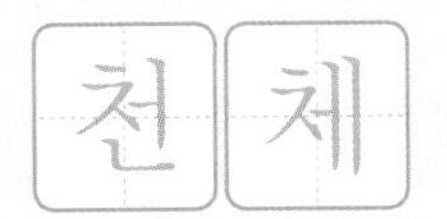

3 천체 — 우주를 이루고 있는 태양, 행성, 위성, 소행성 등을 모두 이르는 말.

정답 136쪽

1 위성과 인공위성에 대하여 바르게 말한 동물 친구의 이름을 쓰세요.

고슴이

고미

펭귀니

2 우리에게 다양한 정보를 주는 인공위성이 있어야 할 위치를 가장 알맞게 나타낸 그림에 ○표 하세요.

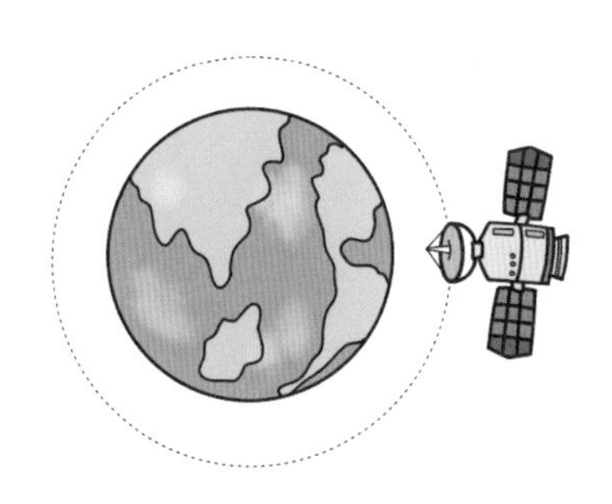
지구 주위를 돌고 있음.

땅 위에 고정되어 있음.

낮은 건물 높이에 떠 있음.

태양과 달에게 무슨 일이 생긴 걸까?

항상 동그랗게만 보였던 태양의 일부분이 파인 것처럼 보일 때가 있어. 자주 일어나는 일이 아니기 때문에 뉴스에 나오기도 하지. 이렇게 태양의 일부가 보이지 않는 것을 일식이라고 해.

일식은 달이 태양과 지구 사이에 놓였을 때 달이 태양을 가리면서 태양의 일부나 전부가 보이지 않는 현상이야. 태양이 달에 완전하게 가려졌을 때를 개기 일식이라고 하고, 일부만 가려졌을 때는 부분 일식이라고 해.

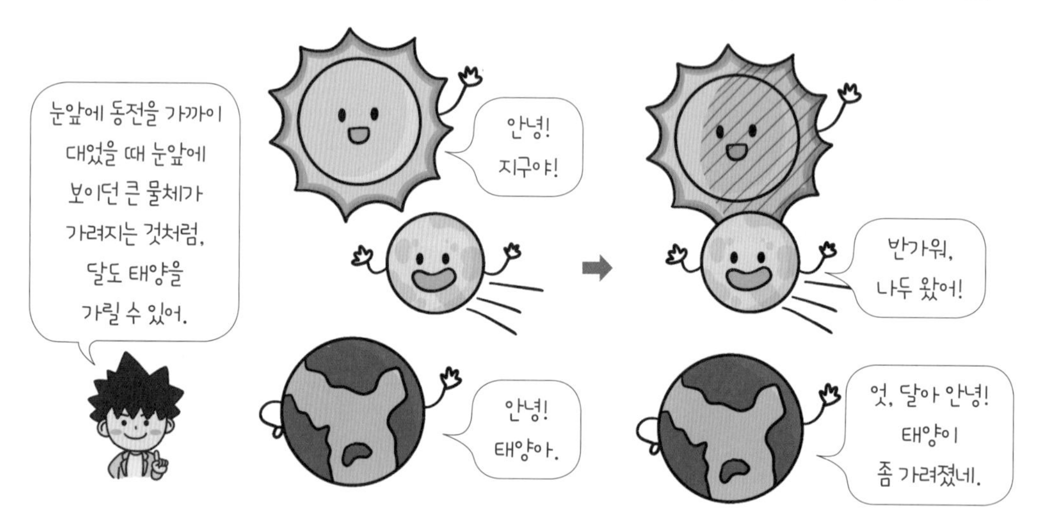

이러한 현상은 달에서도 일어나. 달의 일부가 보이지 않는 월식은 지구가 달과 태양 사이에 놓였을 때 지구의 그림자에 달의 모습이 가려지는 현상이야. 지구의 그림자에 달의 전부가 들어갔을 때를 개기 월식이라고 하고, 일부가 들어갔을 때를 부분 월식이라고 하지.

그림이 나타내는 용어를 따라 쓰면서 의미를 이해해 봐요.

①  일식 달이 태양의 일부나 전부를 가려 태양의 일부가 보이지 않는 현상.

②  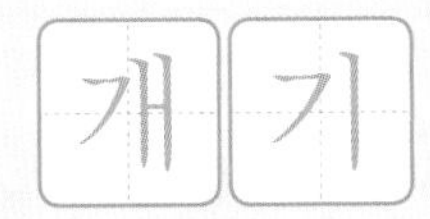

한 천체가 다른 천체에 의해 완전히 가려지는 현상.

③  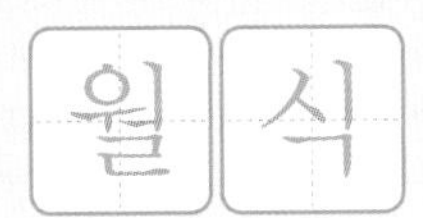

달이 지구의 그림자에 가려 달의 일부가 보이지 않는 현상.

정답 136쪽

1 개기 일식과 부분 일식을 볼 수 있는 달의 위치로 알맞은 것끼리 선으로 이으세요.

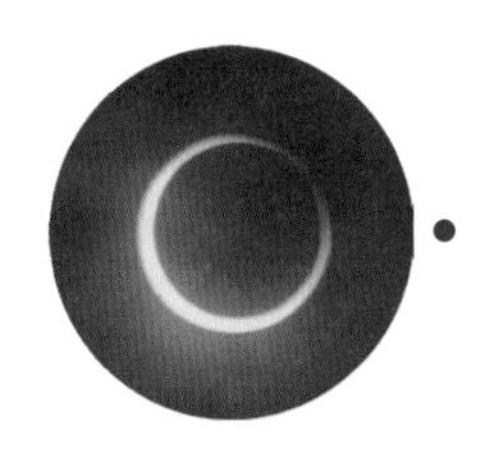 • • 

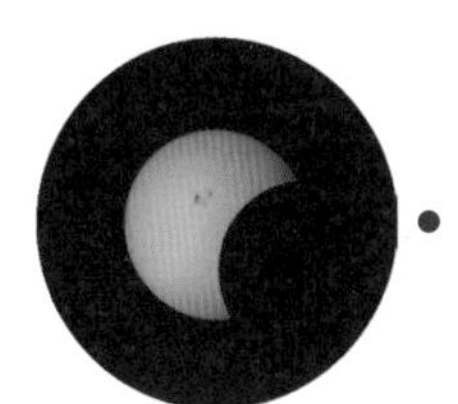 • • 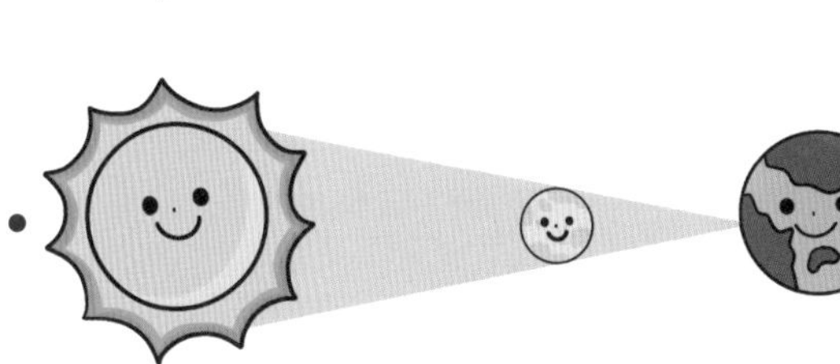

2 태양과 지구의 위치가 아래와 같을 때 월식 현상이 일어날 수 있는 알맞은 달의 위치에 달을 그려 넣으세요.

비주얼 개념 정리

Speed OX 정답 136쪽

38 반짝이는 스타, 별을 소개할게!

● **별이란?**
태양처럼 스스로 빛을 내는 천체를 말한다.

● **별자리**
밝게 보이는 하늘의 별들을 이어 동물, 물건, 사람 등의 이름을 붙여 놓은 것이다.

● **별이 움직이는 것처럼 보이는 까닭은?**
별은 시간이 지남에 따라 마치 움직이는 것처럼 보이지만 실제로는 움직이지 않는다. 지구가 매일 한 바퀴씩 스스로 회전하기 때문에 별이 움직이는 것처럼 보이는 것이다.

● **북극성**
북쪽 하늘에서 볼 수 있는 별로, 고정되어 보이기 때문에 북극성을 이용하여 방향을 알 수 있다.

Speed OX

① 별은 스스로 빛을 내는 천체이다. ☐

② 우주의 모든 별은 서쪽에서 동쪽으로 매우 빠르게 움직인다. ☐

39 인공위성은 모든 걸 알고 있어!

● **인공위성이란?**
위성은 행성의 주위를 도는 천체를 말하며, 인공위성은 사람이 만든 위성이라는 뜻으로 지구의 주위를 돌도록 만들어졌다.

● **인공위성이 하는 일은?**
인공위성은 지구 주위를 돌면서 다양한 정보를 모아서 세계 곳곳으로 보낸다. 위치 정보, 날씨 정보, 땅의 변화 정보, 통신 정보 등 다양한 정보를 모으고 제공하는 데 큰 도움을 준다.

안녕!

③ 인공위성은 자연적으로 만들어진 것이다. ☐

④ 인공위성은 지구 주위를 돌면서 다양한 정보를 모으고, 세계 곳곳에 보낸다. ☐

40 태양과 달에게 무슨 일이 생긴 걸까?

● 일식이란?

달이 태양과 지구 사이에 놓였을 때 달이 태양을 가리면서 태양의 일부나 전부가 보이지 않는 현상이다.

● 개기 일식과 부분 일식

태양이 달에 완전하게 가려졌을 때를 개기 일식이라고 하고, 일부만 가려졌을 때를 부분 일식이라고 한다.

일식을 관찰할 때에는 보호 장비를 반드시 이용해야 하며, 3분 이상 관찰 시 눈에 손상을 줄 수 있다.

● 월식이란?

지구가 달과 태양 사이에 놓였을 때 지구의 그림자에 달의 모습이 가려지는 현상이다.

● 개기 월식과 부분 월식

지구의 그림자에 달의 전부가 들어갔을 때를 개기 월식이라고 하고, 일부가 들어갔을 때를 부분 월식이라고 한다.

월식은 맨눈으로도 관찰이 가능하다.

Speed OX

⑤ 개기 일식이란 태양이 달에 완전하게 가려지는 현상을 말한다. ☐

⑥ 월식은 달이 태양을 가리면서 태양의 일부가 보이지 않는 현상이다. ☐

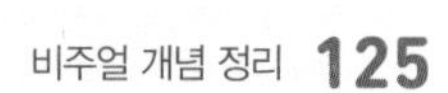

과학 탐구 퀴즈

1 **배운 내용을 떠올리며 퀴즈를 풀어 보세요. 문장이 옳으면 ○표가 있는 칸에 모두 색칠하고, 옳지 않으면 ×표가 있는 칸에 모두 색칠하세요. 그리고 모든 퀴즈를 풀었을 때 색칠된 부분이 나타내는 글자가 무엇인지 써 보세요.**

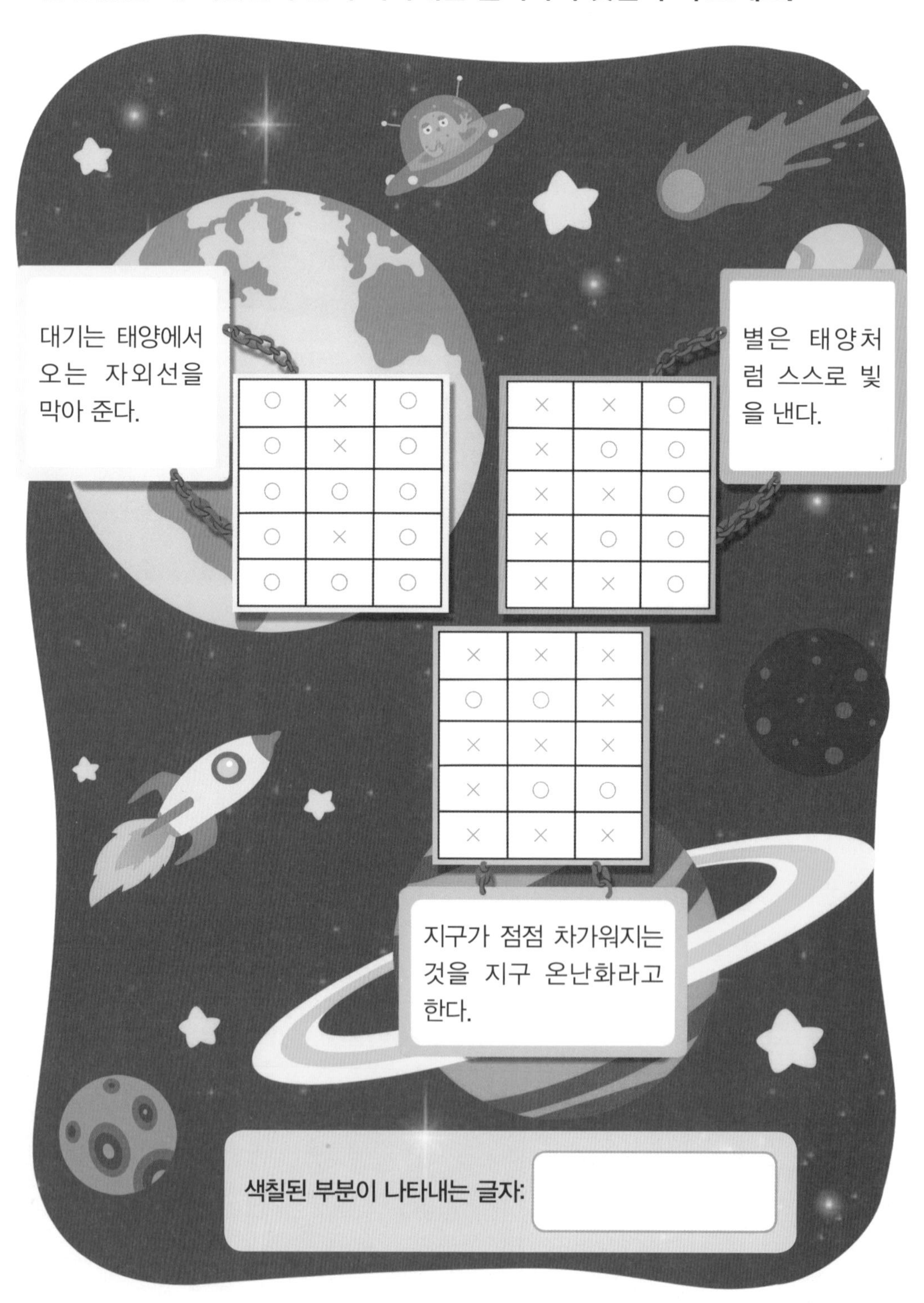

정답 136쪽

2 다음 질문의 대답이 되는 그림을 보기에서 골라, 사다리를 타고 내려가 도착한 곳에 그려 보세요.

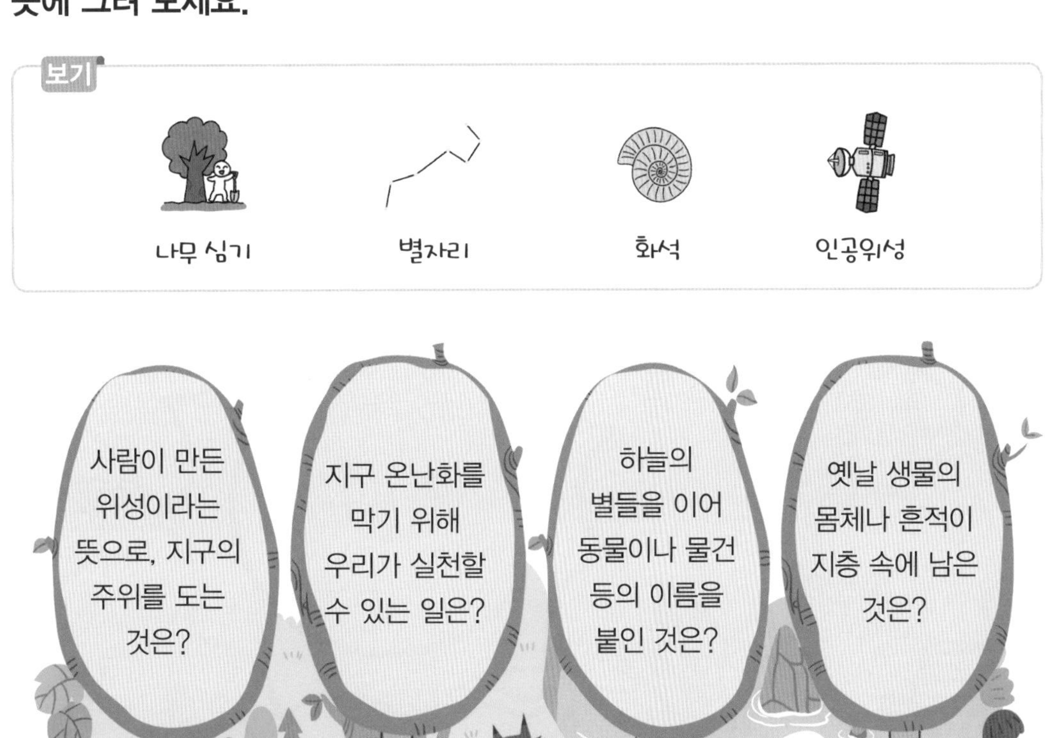

비주얼씽킹으로
마무리하기

지금까지 공부한 내용을 생각하며 비주얼씽킹 그림에 색칠해 보세요.

정답

물질

01 미세 먼지는 무서워!
11쪽

1

미세 먼지는 눈에 보일 정도로 크기가 커.

미세 먼지는 공장이나 자동차 등이 내보내는 매연에서 많이 발생해.

미세 먼지가 심한 날에는 시원한 옷을 입고 외출하면 돼.

도윤 / 서빈 / 성주

2

마스크를 그린다.

02 말랑말랑 액체 괴물을 만들어 볼까?
13쪽

1

액체 괴물은 이름처럼 액체야!

액체 괴물은 재밌으니까 성분을 확인하지 않고 놀아도 좋아.

액체 괴물을 가지고 놀고 나서 반드시 손을 씻어야 해.

2

03 크기가 다른 알갱이를 분리해 볼까?
15쪽

1 완두콩

2

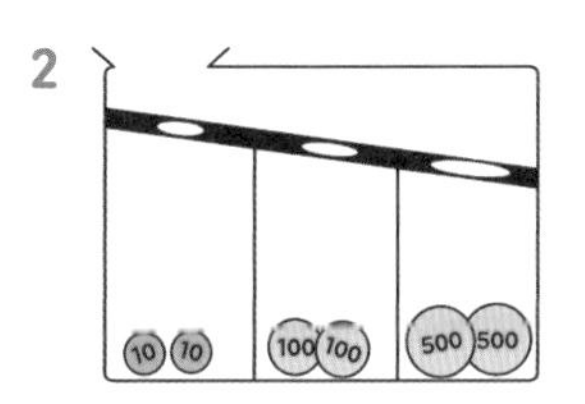

04 깨끗한 물을 마시려면?
17쪽

1

정수기는 수돗물을 깨끗하게 만들어 줘.

정수기의 생명은 필터! 필터가 더러운 것을 걸러내준다고 해.

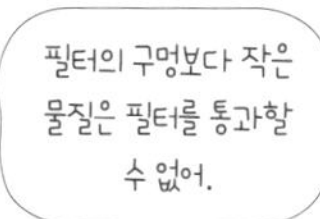

은정 / 재호 / 희원

2

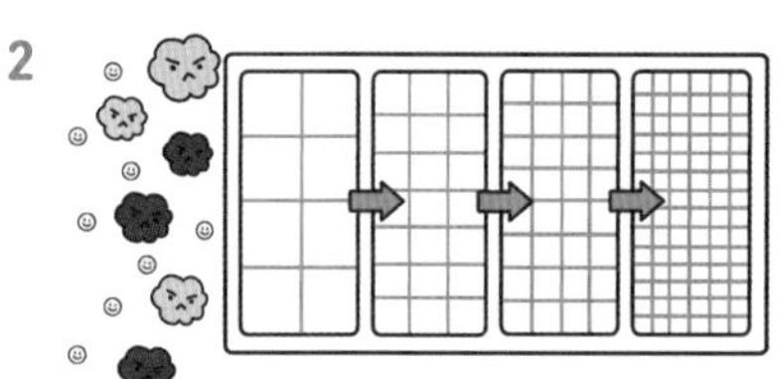

필터 구멍의 크기가 점점 작아지게 그린다.

Speed O×
18~19쪽

❶ ○	❷ ×	❸ ○	❹ ○
❺ ×	❻ ○	❼ ○	❽ ×

05 물이 없으면 살 수 없어!
21쪽

1

2 예

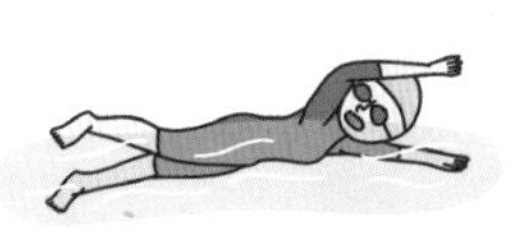

06 물을 얼리면 무엇이 달라질까?
23쪽

1 예

항아리 속의 물이 얼어 항아리가 깨진다.

2

07 어떤 용액이 더 진할까? 25쪽

1 2 3 1

2

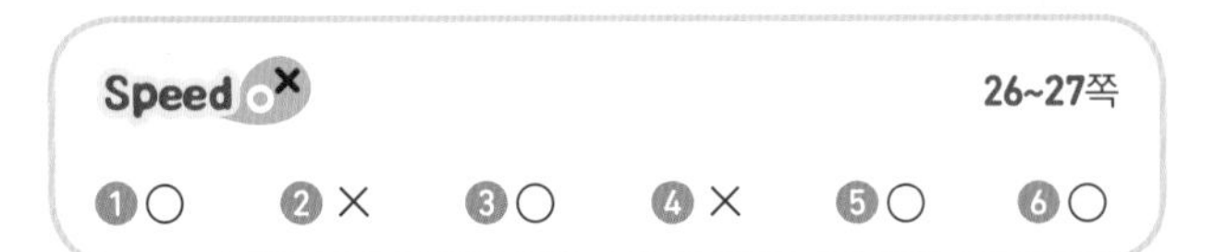

Speed OX 26~27쪽

❶ ○ ❷ × ❸ ○ ❹ × ❺ ○ ❻ ○

08 솔방울로 가습기를 만들어 볼까? 29쪽

1

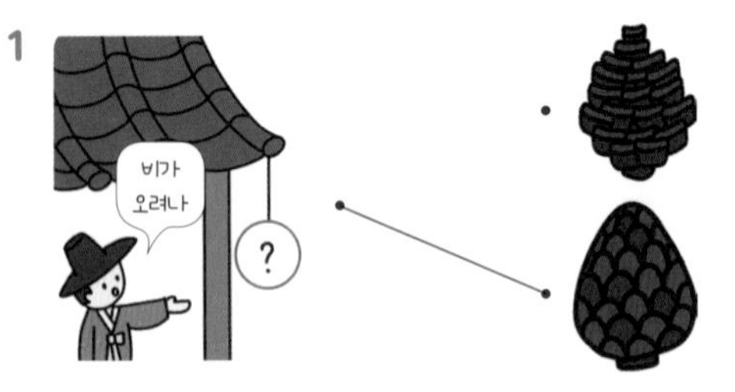

2

09 방귀는 왜 나오는 걸까? 31쪽

10 헬륨 가스가 궁금해! 33쪽

1
- 가 벼 워
- 진 동
- 높 은

2

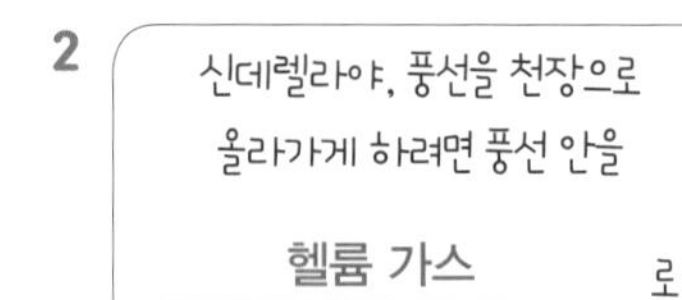

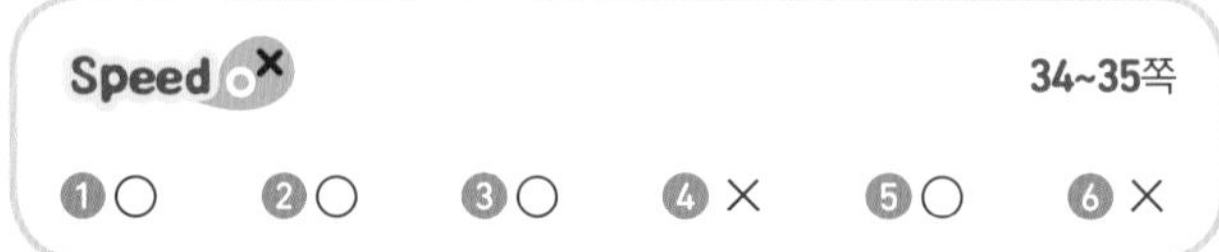

Speed OX 34~35쪽

❶ ○ ❷ ○ ❸ ○ ❹ × ❺ ○ ❻ ×

과학 탐구 퀴즈 36~37쪽

1

2

무지개탑을 만들려면 진한 용액부터 넣어야 하기 때문에 가장 진한 용액이 바닥에 있게 된다.

에너지

11 번개와 천둥은 왜 생길까? 41쪽

1

2 (번쩍번쩍) 번개

12 거울은 어디에 사용될까? 43쪽

1 거울

2 예 • 자동차 운전자가 옆과 뒤를 보기 위해 거울을 사용한다.
• 미용실에서 머리카락을 자를 때 거울로 모습을 확인한다.

13 그림자에도 색깔이 있을까? 45쪽

1

2 ❶번 그림자: 분홍색
❷번 그림자: 파란색

Speed OX 46~47쪽

❶ × ❷ × ❸ ○ ❹ ○ ❺ ○ ❻ ○

14 정전기를 내가 만들 수 있어! 49쪽

1 정전기

2

15 왜 전기를 절약해야 할까? 51쪽

1 전기

2

예 에어컨의 온도를 너무 낮게 맞추면 안 돼. 적당한 실내 온도를 유지해야 해.

16 전기가 위험해요? 53쪽

1

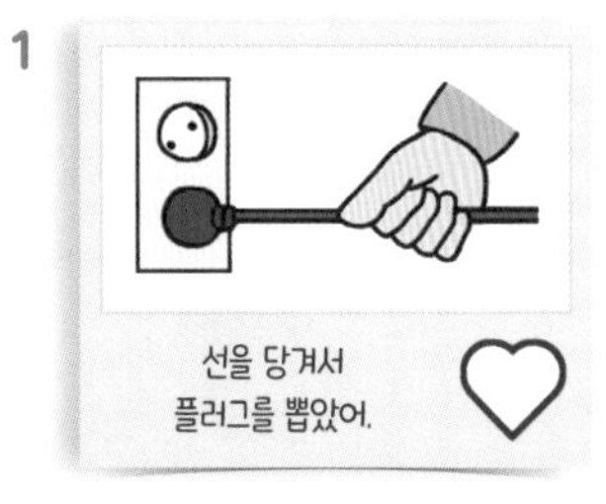

2 전기 (또는 누전)

Speed OX 54~55쪽

❶ ○ ❷ × ❸ × ❹ ○ ❺ × ❻ ○

17 생활에서 어떤 힘을 사용할까? 57쪽

1

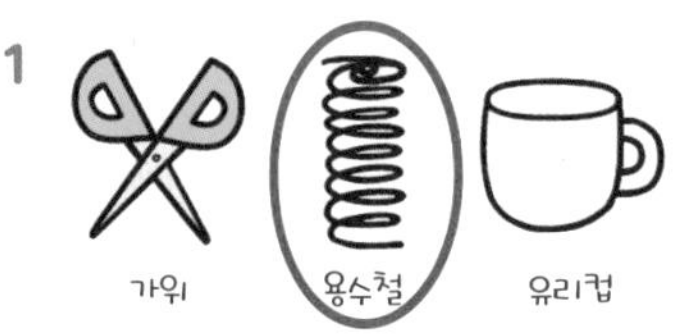

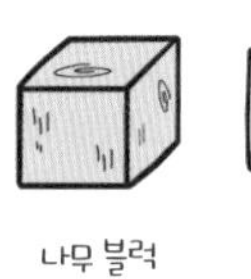

2

60 kg	5 kg	8,000 kg	1,100 kg
3	4	1	2

18 우리는 왜 땅에 붙어있을까? 59쪽

1 중력

2 우주에서는 중력이 지구보다 커서 우주인이 둥둥 떠다닌대.

19 양쪽의 힘이 같아요! 61쪽

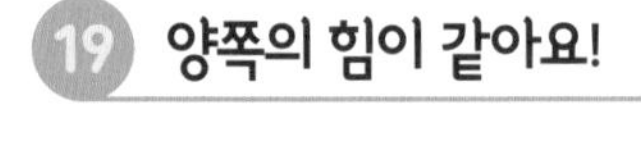

1 나뭇가지에서 배가 떨어지지 않는 것은 중력만 계속 작용하고 있기 때문이야. (윤호)

팔씨름을 하는 두 사람은 서로 같은 방향으로 힘을 주고 있어. (수아)

줄다리기에서 승부가 나지 않을 때 힘의 평형이라고 볼 수 있지. (가영)

2

20 무게를 비교할 수 있을까? 63쪽

1

2 예

양팔저울에 올려보기, 윗접시저울에 올려보기 등 다양한 방법으로 나타낼 수 있다.

Speed OX 64~65쪽

❶ ✕ ❷ ✕ ❸ ○ ❹ ○
❺ ✕ ❻ ○ ❼ ✕ ❽ ○

과학탐구 퀴즈 66~67쪽

1 예

2

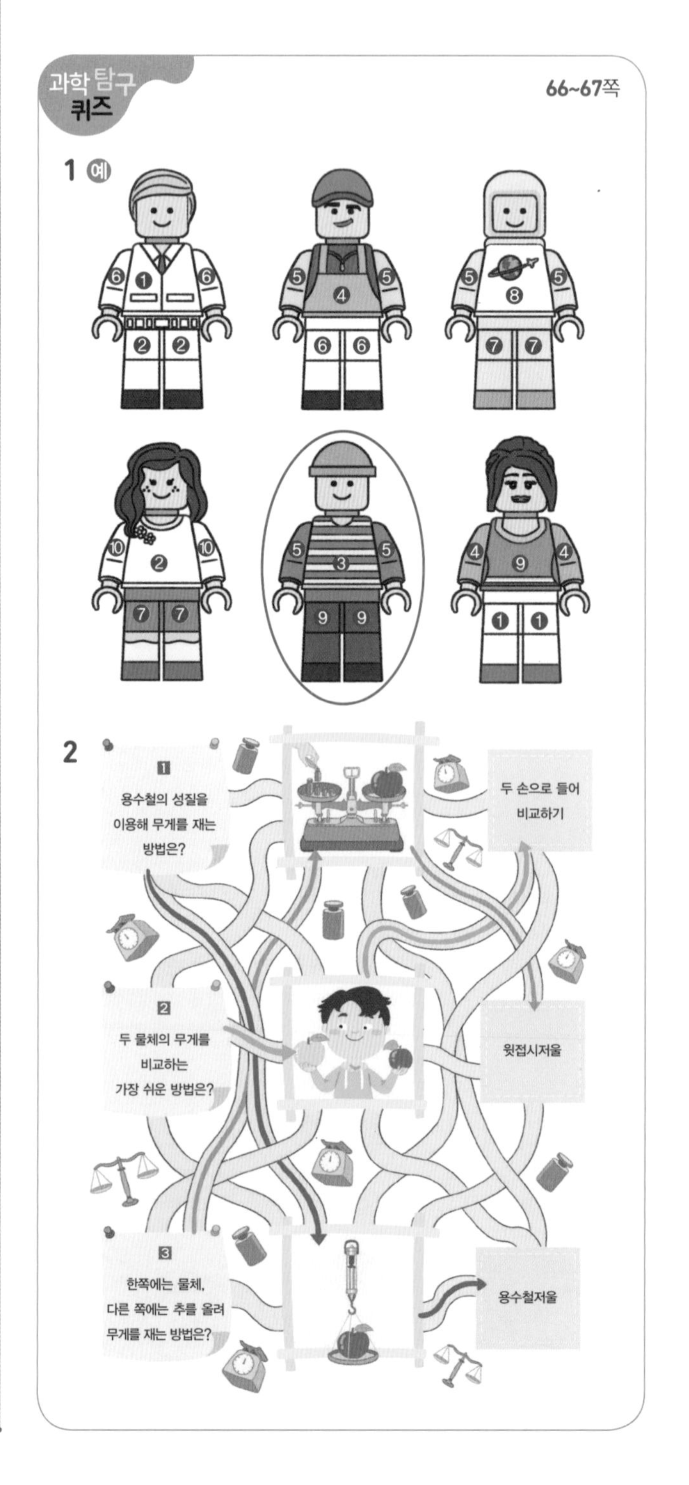

동물과 식물

21 곤충에 대해 알고 싶어! 71쪽

1

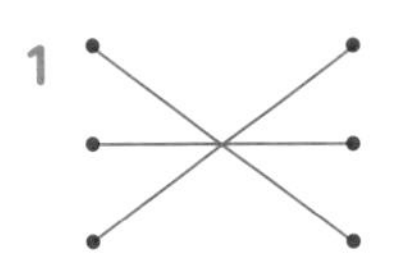

2

22 곤충은 어떻게 겨울을 보낼까? 73쪽

1

2 알집

23 금붕어는 이렇게 생겼어! 75쪽

1

2 부레

24 동물이 몸을 보호하는 방법은? 77쪽

1 예

2 예

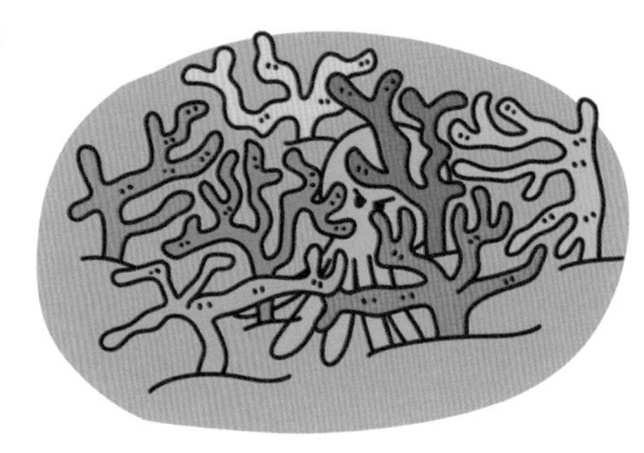

동물의 이름: 예 따라 문어

동물의 특징: 예 주변과 비슷하게 변해서 숨어 있다가 작은 물고기를 사냥한다.

Speed O× 78~79쪽

❶ ×	❷ ○	❸ ○	❹ ○
❺ ○	❻ ×	❼ ○	❽ ×

25 풀과 나무의 특징은? 81쪽

1 윤희

2 예

26 나뭇잎의 색이 변했어! 83쪽

1

2 예

27 식물은 어떻게 겨울을 보낼까? 85쪽

1

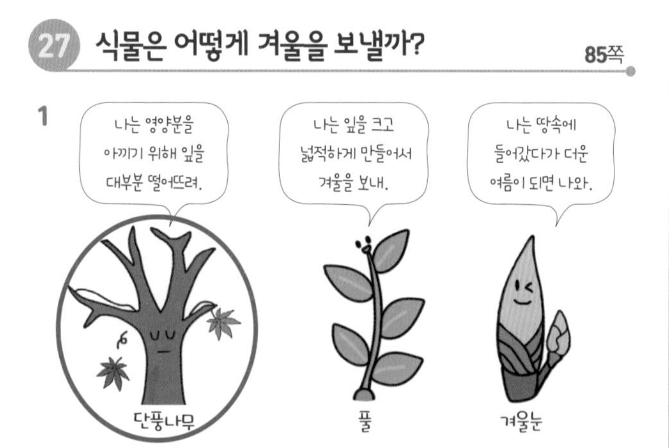

2 이름: 겨울눈 / 모양: 예 털이 있다. 둥글둥글하다. 기름기가 있다. 길쭉한 모양이다.

28 우리 몸은 쉬지 않고 일해! 89쪽

1 입

2 혈액에 ○표

29 우리 몸을 건강하게 유지하려면? 91쪽

1

2 시원

30 비타민이 중요한 이유가 있었어! 93쪽

1

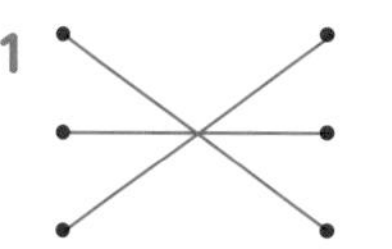

2 예 브로콜리, 키위, 딸기 등(채소나 과일)

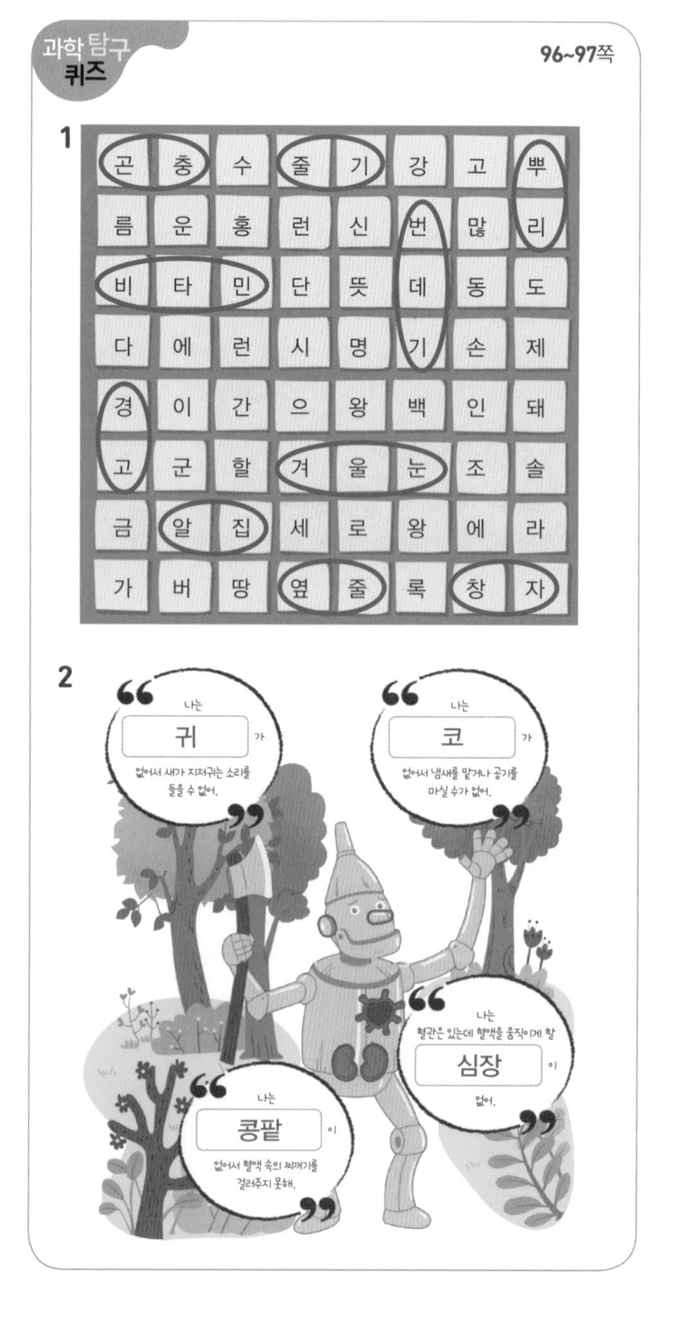

지구와 우주

31 우리가 살고 있는 지구의 모양은? 101쪽

1 은주

2

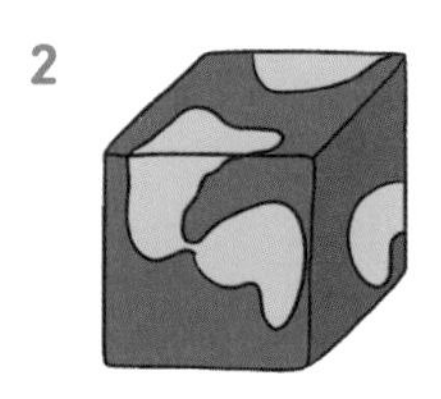

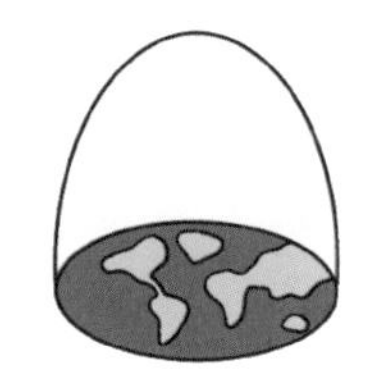

32 흙은 지구를 이루고 있어! 103쪽

1

2

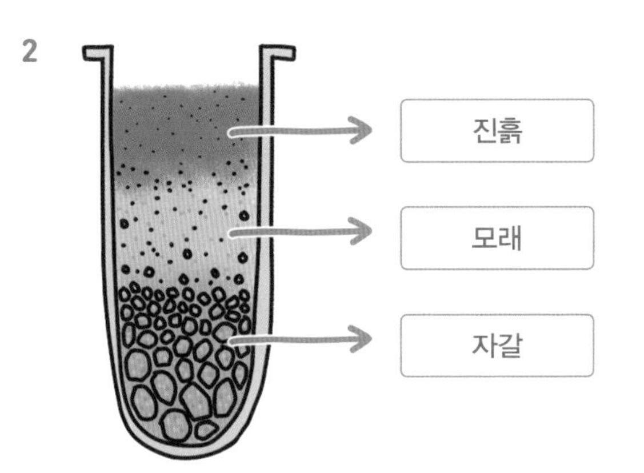

33 지구의 생물에게 꼭 필요한 것은? 105쪽

1

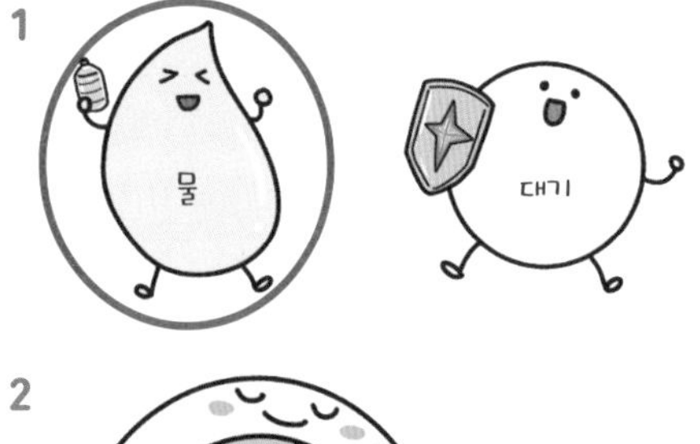

2

34 공룡은 어떻게 화석이 됐을까? 107쪽

1

2 공룡 발자국이 찍힌 곳 위에 자갈, 모래, 진흙이 쌓이고 오랜 시간이 지나면 화석이 된다. ○

35 홍수와 가뭄에 대비해 보자! 111쪽

1 ②에 ○표

2

36 우리가 지구를 오염시키고 있어! 113쪽

1

2 예

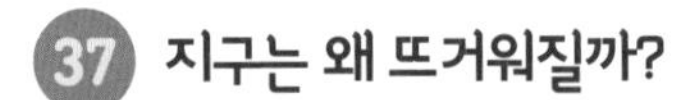

37 지구는 왜 뜨거워질까? 115쪽

1 토미

2

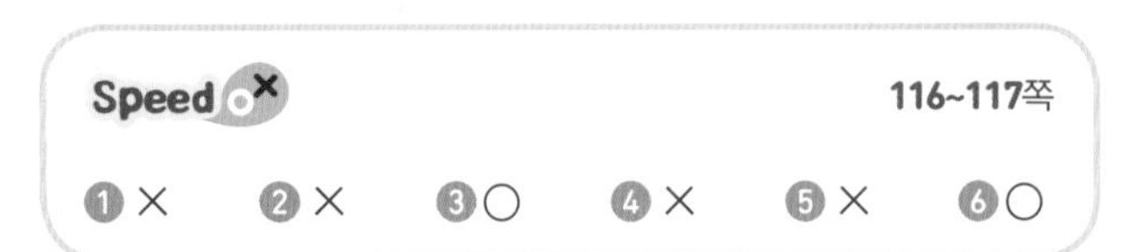

38 반짝이는 스타, 별을 소개할게! 119쪽

1 예

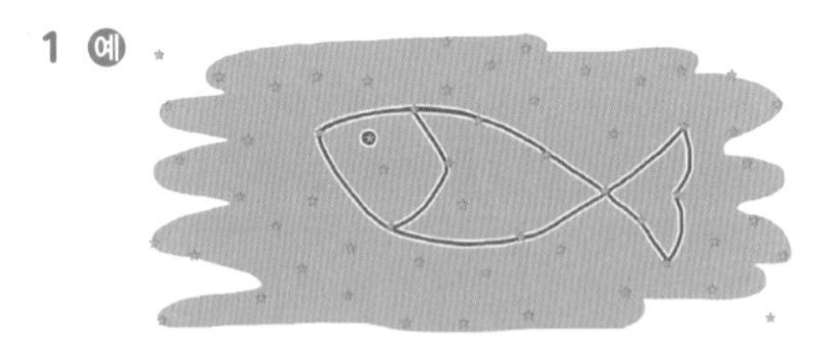

내가 만든 별자리의 이름: 예 금붕어 자리

2

북극성이라는 별을 이용하면 방향을 알 수 있어.

덕수 로희 우진

39 인공위성은 모든 걸 알고 있어! 121쪽

1 고미

2

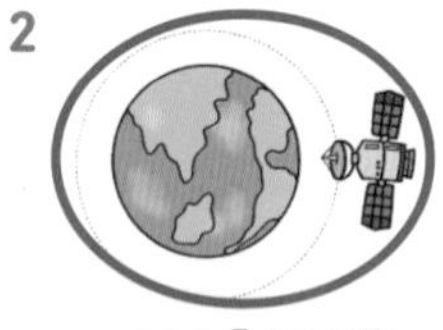

지구 주위를 돌고 있음. 땅 위에 고정되어 있음. 낮은 건물 높이에 떠 있음.

40 태양과 달에게 무슨 일이 생긴 걸까? 123쪽

1

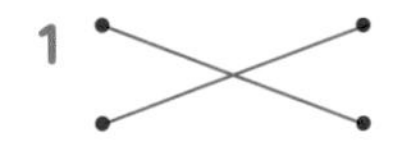

2

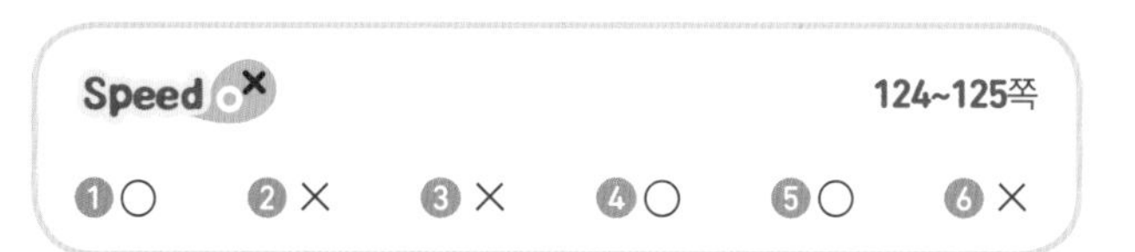

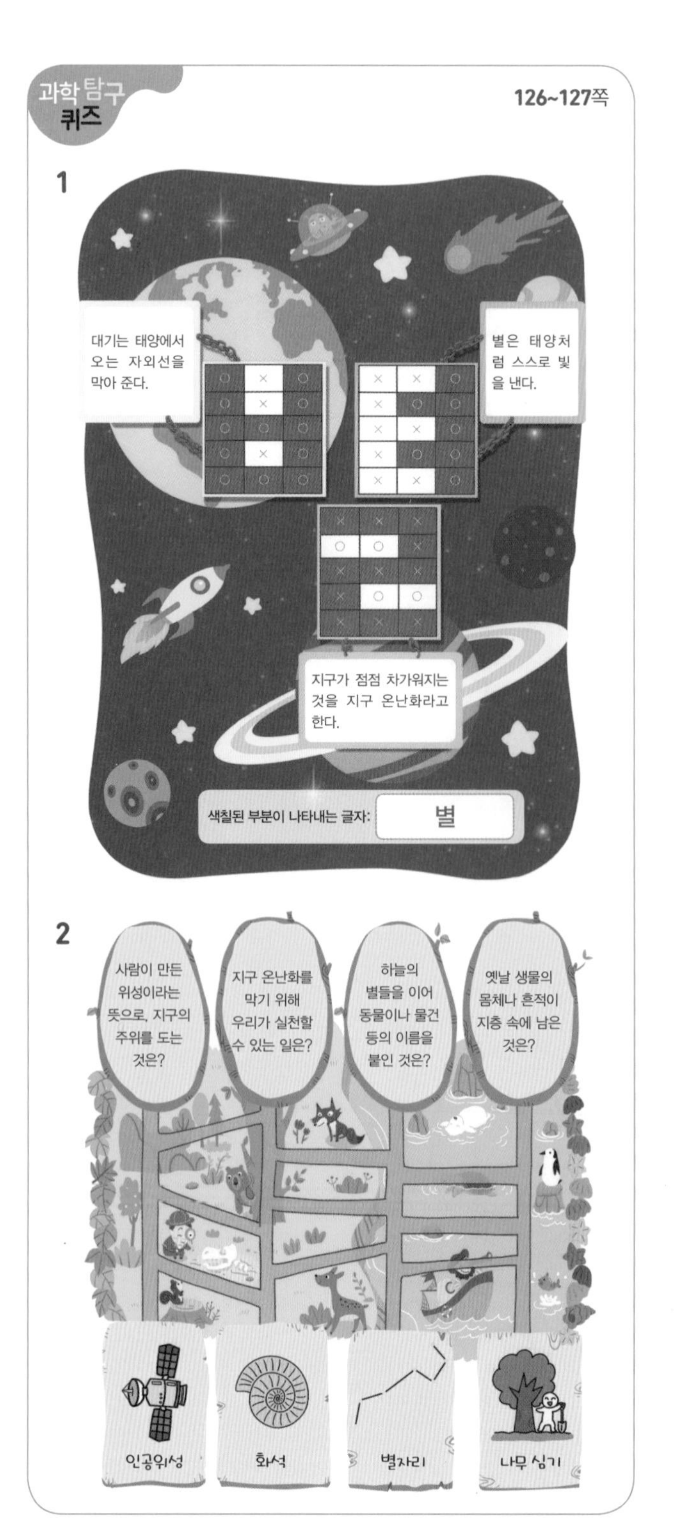